U0085448

88道省錢又簡單的美味料理，新手也能輕鬆上桌！

# 小小米桶的
# 超省時廚房
## k i·t·c·h·e·n　b l o g

超過 *2800* 萬人次點閱推薦

出版\菊

# C O N T E N T S

## Part 1
### 食材的應用變化

輕鬆變化各種肉類。
### 享美味省荷包18道
大塊肉、肉片、絞肉、雞腿、
雞胸、培根

懂得海味處理保鮮。
### 小廚房端出宴客菜10道
魚、蝦、花枝(透抽)、蛤蜊

善加利用大份量蔬菜。
### 不怕颱風菜漲價18道
高麗菜、白蘿蔔、馬鈴薯、胡瓜、
芋頭、冷凍三色蔬菜

## 多出來的辛香料
### 也毫不浪費4道
#### 蔥、薑、蒜頭、九層塔

## 豆腐的創意變身3道

## Part 2
### 變變變....
#### 一菜多變化23道

## Part 3
### 一道料理就能吃飽
#### 又吃巧：簡餐12道

# 省時！省錢！快速的88道美味料理，新手也能輕鬆愉快地下廚！

作者序

在這物價節節上漲的年代，凡事都得精打細算，大家因此變得更喜歡到大型超市或量販店消費，一方面是商品齊全，一次就能買足，另一方面是價格較有優惠，但傷腦筋的是，多為大份量的包裝，要是家裡的人口不多，又沒好好的做到庫存管理，一不小心就造成浪費，傷了荷包不打緊，吃壞肚子可就不好啦。所以對於食材的管理與保存，更是一門必修的學分。

在策劃這本食譜書時，我將內容分成三個單元來為大家介紹：

**第一個單元**
**食材的處理、保存方法與應用變化53道**
將我們經常食用，並且多為大份量的食材，從採購回家後的清潔處理，到保存方法，做個完整的介紹，再將每種食材以3～4道的料理做示範，剛剛好就是一次購買回家的份量，讓食材能夠充份運用不浪費，家人也能天天吃到不同的美味料理。

**第二個單元**
**變變變.... 一菜多變化23道**
延續我2009年出的食譜書「新手也能醬料變佳餚」的概念，但這次不全是醬料，而是先將食材製成半成品，日後隨時可以取出應用變化成不同的料理，這樣可以大大縮短烹煮的時間，料理也能變的輕鬆快速又簡單。

另一方面半成品的優點，除了縮短烹煮時間之外，其保存期限也變得較長，尤其是剛好碰到特價大量採購，或是一次使用不完時，就能完全的運用不浪費。

**第三個單元**
**「一道料理就能吃飽又吃巧」簡餐12道**
忙碌的上班族，又或是家庭主婦們，要是餐餐都得煮出好幾道菜，外加一鍋湯，相信時間久了，對於做飯也會感到疲憊與煩惱，這時我們可以偷個小懶，只做一道料理，就能兼具營養與美味，還能把肚子填飽。

所以，下廚做飯是不是又變得更加輕鬆愉快啦！

## 二千八百萬人次點閱 暢銷食譜部落客 ---吳美玲

全職家庭主婦，業餘美食撰稿人
跟著心愛丈夫（老爺）愛相隨的世界各國跑
廚齡十年，
在廚房舞鍋弄鏟的日子比睡眠時間還長
2005年「小小米桶的寫食廚房」開站
http://www.wretch.cc/blog/mitong
不到六年間點閱人次突破2800萬！

著有：

暢銷食譜「小小米桶的無油煙廚房：
　　　82道美味料理精彩上桌！」、

「新手也能醬料變佳餚90道：
　　　小小米桶的寫食廚房」

最希望的是 — 同心愛老爺一起環遊全世界
最喜歡的是 — 窩在廚房裡進行美食大挑戰
最幸福的是 — 看老爺呼嚕嚕的把飯菜吃光光

❶ 菜名

❷ 這道菜的份量、準備及烹調時間

❸ 材料、調味料及做法

❹ 步驟圖

❺ 小米桶的貼心建議

❻ 成品圖

## 本書的計量

● 材料標示中，1杯=240cc、1大匙=15cc、
  1小匙=5cc。

● 1兩=37.5公克　1台斤=600公克
  1公斤=1000公克。

● 配方中所記述的準備及烹調時間是
  參考時間。會因個人熟練度而略有不同。

## 本書的注意事項

● 適量：依個人口味喜好所用的份量
  少許：略加即可。

● 調味料中的醬油鹹度會因品牌的不同，導致
  成品口感的差異，請以家中的醬油鹹度來調整
  用量，以避免過鹹，或是鹹度不夠。

● 汆燙：將食材放入滾水中燙煮至變色，可以
  去除血水或雜質污物。

● 高湯：以大骨或雞肉所熬煮的湯，也可以利用
  市售高湯，或以清水加高湯塊來取代。

# Part 1
# 食材的應用變化 輕鬆變化各種肉類。

## 享美味省荷包18道

## 肉類保存法

### 大塊肉

大塊肉購買回家後，不要整塊的放入冰箱保存，應該要先處理乾淨，再分切成每次食用的量。尤其是冷凍的方式，每次只需取出一小塊解凍退冰，就能避免整塊肉一直重復解凍，影響到肉的品質。

**購買回家後的處理與保存方法**
★將大塊肉洗淨，過一次米酒後，用廚房紙巾吸乾，再分切成一次食用的量，用保鮮袋裝好，放入冷凍庫冰凍保存。

★將肉洗淨，放入滾水中，加入薑片、蒜頭、胡椒粒，煮至筷子插入沒有紅色肉汁留出來的狀態後，撈起待涼，再分切成一次食用的量，用保鮮袋裝好，放入冷凍庫冰凍保存，日後隨時可以取出，可用來滷肉、或是做蒜泥白肉、回鍋肉之類的料理。

### 肉片

肉片的用途很廣泛，也是常用到的肉類，可以製成炸豬排，或是爆炒肉片，更可以在吃火鍋時涮肉片喔。

**購買回家後的處理與保存方法**
★將肉片過一次米酒後，用廚房紙巾吸乾，再分成一次食用的量，用保鮮袋以攤平的方式裝好，放入冷凍庫冰凍保存。

★冷凍的火鍋肉片，則直接放入冷凍庫冰凍保存。

### 絞肉

絞肉因為已被切細，所以接觸空氣的部位較多，也較容易變黑發臭，選購時，要挑選與原肉色接近的絞肉，並且回家後要盡快處理。

**購買回家後的處理與保存方法**
★絞肉若有血水，要先用廚房紙巾吸乾後，再分成一次食用的量，用保鮮袋以攤平的方式裝好，放入冷凍庫冰凍保存。

※ 絞肉若是當天使用，可先吸去血水後冷藏。若為隔天之後才使用，則建議以冷凍保存。

★將絞肉加入蒜頭、米酒、醬油，炒成肉燥，待冷卻後，再分成一次食用的量，用保鮮袋裝好，放入冷凍庫冷凍保存，日後隨時可以取出應用，比如：煮豆腐、煮茄子、拌飯、拌麵。

## 雞腿

深受大家喜愛的雞腿，肉質鮮嫩好吃，是最容易烹煮的肉類，不管是燒烤、煎炸、或是燉煮都非常適合。

### 購買回家後的處理與保存方法

★將雞腿肉洗淨，過一次米酒後，用廚房紙巾吸乾，再分成一次食用的量，用保鮮袋以攤平的方式裝好，放入冷凍庫冷凍保存。

★可將雞腿去骨後抹上米酒，再分成一次食用的量，用保鮮袋以攤平的方式裝好，放入冷凍庫冷凍保存。

※雞腿靠近雞皮部位的黃色脂肪，熱量高，又帶有腥味，所以建議將其去除掉。

## 雞腿去骨的方法

1 將雞腿洗淨後，用廚房紙巾擦乾水份，取一把鋒利的小刀，順著雞腿內側腿骨劃開，此時就會看到腿骨，再仔細的用刀尖將肉與腿骨劃分開來

2 再將根部的肉切斷，或是用大菜刀連骨剁斷

3 再用刀子仔細將關節上的肉與腿骨劃分開來

4 最後將整隻腿骨取出，並剔除多餘的脂肪，即完成去骨動作

## 雞胸

雞胸肉的味道較清淡，脂肪也比雞腿要少，尤其是去了皮的雞胸肉，熱量變得更低。所以烹煮時要避免煮過久，造成肉質乾硬。

購買回家後的處理與保存方法

★將雞胸肉洗淨，過一次米酒後，用廚房紙巾吸乾，再分成一次食用的量，用保鮮袋以攤平的方式裝好，放入冷凍庫冰凍保存。

★將雞胸肉洗淨，加入米酒、鹽、胡椒粉、少許太白粉，抓拌後，擺上幾片薑與蔥段，放入蒸鍋中蒸熟，取出放涼後，再分成一次食用的量，用保鮮袋以攤平的方式裝好，放入冷凍庫冰凍保存，日後隨時可以取出應用，比如：涼拌雞絲、雞絲飯、麻醬雞絲涼麵、雞蓉玉米濃湯。

## 培根

培根雖然是醃製品，若是放在冰箱冷藏，也是很容易變質腐壞，所以購買回家後，建議先將培根一片片的用保鮮膜包起冷凍保存，這樣不只方便隨時取用，還能延長保存時間。

購買回家後的處理與保存方法

★撕一大張保鮮膜並在桌面上攤平，先放上一片培根，包捲起來，疊上第二片培根，包捲後再疊上第三片，重復相同動作至培根包捲完畢，讓培根與培根之間隔著保鮮膜，就不用擔心冰凍後沾黏在一起，然後再將包捲好的培根用保鮮袋裝好，放入冷凍庫冰凍保存，需要用時只要打開保鮮膜，不用退冰解凍，就能一片片的取出使用。

# 蒜泥白肉

| 份量 | 準備 | 烹煮 |
|---|---|---|
| 4人 | 15min | 30min |

好吃的蒜泥白肉，除了肉要鮮嫩多汁，蘸醬好不好吃，是決定整道菜成功與否的關鍵喔。

### 材料

| | |
|---|---|
| 五花肉 | 400公克 |
| 小黃瓜 | 1條 |
| 薑片 | 3片 |
| 蔥白 | 1支 |
| 米酒 | 1大匙 |
| 蒜末 | 2大匙 |
| 蔥花 | 適量 |
| 辣椒油 | 適量 |

### 甜醬油材料

| | |
|---|---|
| 醬油 | 1杯 |
| 紅糖 | 100公克 |
| 蔥 | 1支 |
| 薑 | 2片 |
| 八角 | 1顆 |
| 月桂葉 | 2片 |
| 花椒粒 | 1/2小匙 |

### 做法

❶ 將五花肉洗淨，放入滾水中汆燙後，撈起洗淨。另取一鍋，加入可以淹蓋過肉的水量，煮滾後，放入五花肉、蔥白、薑片、米酒，煮滾後轉小火續煮約30分鐘，熄火再燜約5分鐘，取出放涼，備用

❷ 將所有甜醬油的材料放入鍋中煮滾後，轉極小火續煮約15分鐘，再以篩網過濾，即成為甜醬油，備用

❸ 小黃瓜洗淨後切片，再放入冰水中浸泡約10分鐘至冰脆，再撈起備用

❹ 將①的五花肉切成薄片，與小黃瓜片一起排於盤中，撒上蔥花、蒜末，再淋入適量的甜醬油與辣椒油(也可淋入香醋)，即完成

### 小米桶的貼心建議

- 不喜歡吃肥肉，則可選用梅花肉來製作。
- 水煮豬肉時，加蓋煮滾後，熄火燜約5分鐘，再開火續煮滾，再熄火燜，一直重復4~5次就能煮出鮮嫩的豬肉喔。
- 甜醬油是川菜中涼菜與小吃，不可或缺的重要調味，除了用在蒜泥白肉之外，還能應用於白斬雞、口水雞、白灼蝦....等涼菜的蘸醬。
- 甜醬油要用小火慢熬，以避免燒焦。未用完的甜醬油，可以用玻璃瓶裝好，放入冰箱冷藏保存2~3星期。

| 份量 | 準備 | 烹煮 |
|---|---|---|
| 4人 | 8 min | 10 min |

# 回鍋肉

可以將青椒替換成綠辣椒,以不加油小火方式單獨乾煸至香味溢出,再與爆炒過的豬肉片、調味料同炒,包準又香又辣。

### 材料

整塊帶有皮與肥肉的熟豬肉
............................... 400公克
青椒 ..................... 1個
蒜苗 ..................... 2根

### 調味料

甜麵醬 ................... 1大匙
辣豆瓣醬 ................. 2大匙
米酒 ..................... 1大匙
糖 ....................... 1小匙

### 做法

❶ 將熟豬肉切薄片;青椒洗淨去蒂頭與內籽,再切成2公分塊狀;蒜苗切斜片;調味醬料預先拌好,備用

❷ 熱油鍋,將五花肉片以中火慢炒至肉邊微焦後,再放入青椒翻炒數下,盛起備用

❸ 再以原鍋,加入調味醬料,爆炒到香味溢出時,加入❷的肉片與青椒,拌炒均勻,起鍋前撒入蒜苗稍微翻炒,即完成

#### ── 小米桶的貼心建議 ──

- 豬肉可以使用帶有皮與肥肉的豬腿肉,或是五花肉。
- 嗜辣的人可以加紅辣椒,或是老干媽辣椒。
- 若無甜麵醬,則可以用醬油替代。
- 如果是現煮的水煮肉,肉不需煮至全熟,大約煮到筷子插的進去的程度,即可,而且等肉冷卻後比較容易切成薄片。

# 茶香滷肉

若是在燉肉時加些茶葉，不只讓肉吃起來不那麼肥膩，還能帶點淡淡的茶葉清香。

### 材料

五花肉 ·············· 800公克
蔥 ···················· 1根
辣椒 ·················· 1根
蒜頭 ·················· 3瓣
薑 ····················· 3片

### 調味料

醬油 ·················· 120毫升
紹興酒 ················ 100毫升
烏龍茶葉 ·············· 5公克
八角 ······ 2粒（或用五香粉）
冰糖 ·················· 1大匙
水 ···· 可稍微淹蓋過肉的份量

### 做法

❶ 五花肉洗淨切長條，放入滾水中汆燙後，撈起沖洗乾淨，再切大塊；蔥、辣椒、蒜頭洗淨，備用

❷ 取一鍋，放入①的五花肉、蔥、辣椒、蒜頭、薑片，以及所有調味料，大火煮滾後，轉小火滷約1小時，即完成

### ── 小米桶的貼心建議 ──

● 茶葉可以替換成紅茶、普洱茶。
● 五花肉先燙再切，可以讓肉滷好後保持原型，而不會變型或大小不一。
● 五花肉可以替換成豬腳或是排骨喔。

# 京醬肉絲

| 份量 | 準備 | 烹煮 |
|------|------|------|
| 4人 | 20min | 6min |

散發著油亮的棗紅色澤，口感是重鹹又重甜的京醬肉絲，除了直接當配菜食用之外，也可以用薄豆皮、潤餅皮、或斤餅，包捲著吃喔。

**材料**

豬里肌肉 ⋯⋯⋯ 350公克
京蔥（山東大蔥）⋯⋯ 2根

**調味料**

甜麵醬 ⋯⋯ 2又1/2大匙
番茄醬 ⋯⋯⋯⋯ 1大匙
醬油 ⋯⋯⋯⋯⋯ 1小匙
香油 ⋯⋯⋯⋯⋯ 1/2小匙
糖 ⋯⋯⋯⋯⋯⋯ 1大匙
清水 ⋯⋯⋯⋯⋯ 2大匙

**豬肉醃料**

米酒 ⋯⋯⋯⋯⋯ 1大匙
蛋白 ⋯⋯⋯⋯⋯ 1大匙
太白粉 ⋯⋯⋯⋯ 1小匙
沙拉油 ⋯⋯⋯⋯ 1大匙

**做法**

❶ 調味料預先混合均勻；里肌肉切成肉絲，加入米酒、蛋白抓勻後，再加入太白粉混合均勻（等要下鍋時，再拌入1大匙的沙拉油）

❷ 京蔥洗淨，切成蔥絲，泡入冰開水中約1～2分鐘後，撈起瀝乾水份，再排於盤中，備用

❸ 取一鍋，放入量較多的油，油熱後，放入里肌肉絲，大火快速翻炒至肉絲變白，再撈起瀝油，備用

❹ 用原鍋，倒入先前調好的調味料炒至油亮後，加入③的肉絲，以大火快炒至肉絲均勻沾裹住調味料，再盛入排有蔥絲的盤中，即完成。食用時再將肉絲與蔥絲拌勻

## 小米桶的貼心建議

- 里肌肉先放入冷凍庫，冰凍至稍有硬度，就可以輕鬆切成絲狀喔。
- 肉絲拌入蛋白可以鎖住水份，但不可加過多，以免炒起來會有白渣渣，並且肉絲下鍋前拌入1大匙的沙拉油，可以讓肉絲較易炒散開來。
- 建議使用東北的大蔥，或是日韓的大蔥，味甜、較不辛辣，而且粗粗的一大根，較容易切成絲狀的喔。
- 京醬肉絲是以甜麵醬與糖為主料，我則添加了番茄醬，讓番茄特有的酸與甜來中和甜麵醬的死鹹，雖加有番茄醬，但吃不出那股番茄味，成功的表現出畫龍點睛的作用。

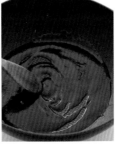

| 份量 | 準備 | 烹煮 |
|---|---|---|
| 4人 | 30 min | 8 min |

# 火腿起司豬排

豬排裡頭包捲著起司與火腿片，外表炸的酥脆，而內部是香濃的融化起司，咬一口會爆漿喔。

**材料**

薄片豬肉 · · · · · · · · · · · · 24片
起司塊 · · · · · · · · · · · · 120公克
火腿片 · · · · · · · · · · · · 6片
白胡椒粉 · · · · · · · · · · · · 少許
太白粉 · · · · · · · · · · · · 少許

**炸衣材料**

麵粉 · · · · · · · · · · · · 適量
雞蛋 · · · · · 1顆（打散成蛋液）
麵包粉 · · · · · · · · · · · · 適量

**做法**

❶ 將起司塊分切成12份的長形塊狀，火腿片切對半，備用

❷ 取2片豬肉薄片，攤開且重疊成為一塊大的肉片，撒上少許白胡椒粉，並在豬肉片的末端撒上少許太白粉，再放上火腿片與起司，緊密的捲成條狀。重復相同動作，將所有的肉片包捲完畢

❸ 再將②的豬肉捲沾裹上薄薄一層的麵粉，再沾裹上蛋液，再沾裹上麵包粉後，放入熱油鍋中，炸至金黃酥脆，即完成

## ── 小米桶的貼心建議 ──

● 也可以用整塊的里肌肉，以蝴蝶刀法，切成一片薄肉片。
● 或是使用2片里肌肉片，以包夾的方式製作成炸豬排。
● 起司與火腿已經具有鹹味，所以不需再加鹽。
● 起司可以選擇Emmental cheese、Gruyere cheese或是常見的Cheddar Cheese，更簡單的是直接將家中做三明治的起司片相疊成塊狀。

# 照燒南瓜捲

| 份量 | 工具 | 烹煮 |
|---|---|---|
| 4人 | 20 min | 15 min |

將五花肉片搭配南瓜製成肉捲,並以照燒醬汁來調味,
滋味是鹹香又下飯,外型也很漂亮吸引人喔。

## 材料

| | |
|---|---|
| 五花肉薄片 | 24片 |
| 南瓜 | 1/8個 |

（可切成24片0.3公分厚度的
片狀）

| | |
|---|---|
| 鹽 | 少許 |
| 白胡椒粉 | 少許 |
| 太白粉 | 適量 |

## 調味料

| | |
|---|---|
| 醬油 | 3大匙 |
| 米酒 | 2大匙 |
| 味醂 | 1大匙 |
| 糖 | 1大匙 |
| 清水 | 2大匙 |

## 做法

❶ 將南瓜外皮刷洗乾淨,並去內籽後,切成24片
0.3公分厚度的片狀,再放入蒸鍋中蒸約5分鐘,
或是用微波爐以中火叮約2～3分鐘,備用

❷ 取4片五花肉片,攤開並重疊成為一塊大的肉
片,撒上少許的鹽、白胡椒粉、與太白粉,再放
上4片①的南瓜,緊密的捲成條狀。重復相同動
作,將另外5份的肉片包捲完畢

❸ 熱油鍋,以中小火將豬肉捲煎至表面金黃微焦,
再加入所有調味料,煮至稍微收汁,即可取出切
成2～3段,即完成

### ── 小米桶的貼心建議 ──

● 建議使用橘色或綠色外皮的南瓜,這種南瓜含水量較少、口感較粉糯,
蒸熟後還能保持片狀的外型,不會因為含水量過多,一蒸就化成湯水。

● 豬肉捲下鍋煎時,先將黏合處朝下煎至微焦後,再翻面續煎,這樣肉片
就不會散開來。

| 份量 | 預備 | 烹煮 |
|---|---|---|
| 4人 | 8 min | 8 min |

# 薑汁燒肉

將肉片煎到金黃焦香，再淋入帶有薑味的甜鹹醬汁，即開胃又下飯，也適合作為便當菜喔。

### 材料

梅花豬肉薄片 ‧‧‧‧‧‧ 400公克
　（五花薄片亦可）
高麗菜 ‧‧‧‧‧‧‧‧‧‧‧‧‧ 適量
小番茄 ‧‧‧‧‧‧‧‧‧‧‧‧‧ 適量

### 調味料

醬油 ‧‧‧‧‧‧‧‧‧‧‧‧‧‧ 3大匙
米酒 ‧‧‧‧‧‧‧‧‧‧‧‧‧‧ 2大匙
味醂 ‧‧‧‧‧‧‧‧‧‧‧‧‧‧ 2大匙
糖 ‧‧‧‧‧‧‧‧‧‧‧‧‧‧‧‧ 1大匙
薑泥 ‧‧‧‧‧‧‧‧‧‧ 1又1/2大匙

### 做法

❶ 將調味料混合均勻；高麗菜洗淨切細絲，泡入冰開水，備用

❷ 熱油鍋，放入豬肉片煎至雙面金黃微焦後，再加入調味料，大火快速收汁，即可盛於盤中，並在盤的邊緣擺上高麗菜絲與小番茄，即完成

#### ── 小米桶的貼心建議 ──

● 肉片下鍋煎之前，可以先用1小匙的醬油、米酒、薑泥醃漬，會更佳入味，但最後下的調味料要再斟酌用量喔。

● 也可以在肉片中加入洋蔥絲增加風味。

# 鑲虎皮尖椒

份量 4人　準備 25min　烹煮 12min

將清甜微辣的青辣椒填入調味的豬肉餡，煎至表皮微皺，
再加入醬汁燒至收乾，吃起來鹹甜開胃、唇齒留香。

## 材料

| | |
|---|---|
| 青辣椒（角椒） | 12條 |
| 豬絞肉 | 200 ～ 250公克 |
| 太白粉 | 適量 |

### 肉餡調味料

| | |
|---|---|
| 薑末 | 1/4小匙 |
| 蒜末 | 1小匙 |
| 醬油 | 1大匙 |
| 米酒 | 1大匙 |
| 糖 | 1/4小匙 |
| 白胡椒粉 | 少許 |
| 鹽 | 適量 |
| 香油 | 1小匙 |
| 清水 | 50毫升 |

### 醬汁調味料

| | |
|---|---|
| 醬油 | 1又1/2大匙 |
| 米酒 | 1大匙 |
| 糖 | 1小匙 |
| 香醋 | 1小匙 |
| 清水 | 100毫升 |

## 做法

1. 青辣椒洗淨，將蒂部切平，用小湯匙的柄或筷子將內籽去除乾淨後，在內部撒些太白粉，備用

2. 將絞肉加入薑末、蒜末、醬油、米酒、白胡椒粉、糖、鹽，以同一方向攪拌至絞肉產生黏性，再將50毫升的清水分3次加入絞肉中，一面加水一面攪拌至水份被絞肉完全吸收後，再加入香油攪拌均勻，備用

3. 取一保鮮袋，放入做法②的肉餡，並將袋的一角剪一小孔，再將肉餡擠入青辣椒中，備用

4. 熱油鍋，以中小火將③的青辣椒煎至表皮微焦後，加入醬汁調味料，轉中大火煮至湯汁略收乾即完成

### ── 小米桶的貼心建議 ──

- 絞肉的用量，會因為青辣椒的體型大小，而有所不同。
- 喜歡吃辣的朋友可以在煎的過程加入一根小紅辣椒，或是改用淺綠色的翡翠辣椒來鑲肉。
- 塞肉餡時可以用筷子輔助，將肉餡塞入青辣椒內。

- 若覺得肉餡濕軟不好塞入辣椒，可以先放入冰箱冷凍至稍硬後，則會較好操作。或是直接將辣椒用刀劃開塞入肉餡。

# 翠玉白菜捲

份量 4~5人　準備 30 min　烹煮 10 min

大白菜的吃法多變，不無論是燉、炒、涼拌或做餡，都可以成為美味的佳餚。將白菜燙軟後，包捲肉餡，清淡爽口，熱量也很低喔。

## 材料

| | |
|---|---|
| 大白菜葉片 | 10片 |
| 豬絞肉 | 200公克 |
| 乾香菇(泡軟切碎) | 3朵 |
| 荸薺(切碎) | 3顆 |
| 紅蘿蔔碎末 | 2大匙 |
| 蔥花適量 | 3大匙 |
| 太白粉 | 適量 |
| 高湯 | 200毫升 |

## 肉餡調味料

| | |
|---|---|
| 蒜末 | 1/2大匙 |
| 醬油 | 1大匙 |
| 米酒 | 1大匙 |
| 糖 | 1/4小匙 |
| 白胡椒粉 | 少許 |
| 鹽 | 適量 |
| 香油 | 1小匙 |
| 太白粉 | 1/2小匙 |
| 清水 | 50毫升 |

## 做法

❶ 將大白菜的葉片洗淨，放入滾水中汆燙至微軟，撈起泡入冷水降溫，再瀝乾水份，備用

❷ 將豬絞肉加入蒜末、醬油、米酒、白胡椒粉、糖、鹽，以同一方向攪拌至絞肉產生黏性，再將50毫升的清水分3次加入絞肉中，一面加水一面攪拌至水份被絞肉完全吸收後，加入香油、太白粉，攪拌均勻，再加入紅蘿蔔碎、香菇碎、荸薺碎、蔥花，混合均勻成為內餡，備用

❸ 將大白菜葉舖平，撒上少許太白粉，再放入②的內餡後捲成條狀，緊密的排入鍋中，加入高湯煮滾，轉小火續煮約10分鐘，將白菜捲取出盛盤，並淋上湯汁即完成

### 小米桶的貼心建議

● 白菜捲煮熟盛盤後，可以將鍋裡的湯汁勾芡，拌入香油，再淋入白菜捲。

「蒼蠅頭」結合了豆豉的鹹、韭菜花的香氣，
若再加入皮蛋則更增添另一番風味。只要炒一盤蒼蠅頭，
就能配上好大一碗米飯喔。

| 份量 | 準備 | 烹煮 |
|------|------|------|
| 4~5人 | 15 min | 10 min |

# 皮蛋
# 蒼蠅頭

### 材料

| | |
|---|---|
| 絞肉 | 150公克 |
| 韭菜花 | 200公克 |
| 皮蛋 | 2顆 |
| 豆豉 | 1又1/2大匙 |
| 蒜頭 | 2瓣 |
| 辣椒 | 1根 |

### 調味料

| | |
|---|---|
| 醬油 | 1小匙 |
| 米酒 | 1小匙 |
| 糖 | 1小匙 |
| 鹽 | 適量 |
| 香油 | 適量 |

### 做法

❶ 將皮蛋放入滾中煮約7分鐘，撈起去殼，再切成小丁；韭菜花摘除老梗與花苞，洗淨後切丁；豆豉用米酒(份量外的2大匙)浸泡約5分鐘後瀝乾；蒜頭、紅辣椒切末，備用

❷ 熱油鍋，將豬絞肉炒至散發出肉香後，嗆入米酒與醬油翻炒均勻，盛起備用

❸ 再以原鍋，爆香蒜末與豆豉，再加入❷的炒絞肉、韭菜花、紅辣椒末，翻炒均勻，加入糖與鹽調整鹹度後，再加入皮蛋丁，起鍋前淋入香油，即完成

#### 小米桶的貼心建議

● 韭菜花苞內容易暗藏農藥，建議先摘除前端的花苞後，再洗淨並切小丁。

● 皮蛋煮過之後，蛋黃就會呈現凝固狀，除了方便切塊，還得以保持成品美觀。

● 豆豉已經具有鹹味，請情況調整鹽的用量，如果太鹹則可以加糖中和鹹度。

# 客家雞酒

| 份量 | 準備 | 烹煮 |
|---|---|---|
| 4 人 | 6 min | 25 min |

媽媽最喜歡煮雞酒了，用上好的黑麻油把薑塊與雞肉炒到香味溢出，再加入整瓶的米酒熬煮到酒精揮發，就算不加鹽，也是甘甜好吃喔。

材料

雞腿 ·········· 600公克
薑 ············· 1大塊
黑麻油 ········· 4大匙
米酒 ············· 1瓶
（勿用加鹽的料理米酒）

做法

❶ 雞肉洗淨擦乾水份剁塊；薑連皮洗淨，切成適當塊狀後，用刀拍扁，備用

❷ 將黑麻油放入鍋中，以小火慢煸至薑塊有點乾癟狀態，再放入雞肉炒至表面微焦，再倒入米酒，大火煮滾後轉小火續煮至雞肉熟，即完成。食用時，可以另盛一小碗湯汁，拌入適量的鹽，用來蘸食雞肉

### —— 小米桶的貼心建議 ——

● 可以先把薑放入鍋中乾煸至表面微焦後，再加入黑麻油爆香。

● 若喜歡酒味重，只要煮到雞肉熟透，並在起鍋前再加入適量米酒，增加酒味。

● 不喜歡酒味，則可以一直煮到酒精揮發，或是在炒雞肉的同時，取另一個鍋子倒入米酒煮滾，先讓酒精揮發掉一些後，再與雞肉同煮至肉熟，這樣就能減短煮的時間，讓雞肉保持鮮嫩口感。

● 酒裡的酵素會讓肉質鮮嫩，所以雞酒用純米酒不摻水的方式，煮好之後會有自然的甘甜味，不放鹽也很好吃。

● 也可以添加枸杞、紅棗，或是肉吃完還剩的湯汁用來拌麵線，或加高麗菜熬煮。

# 栗子燒雞

份量 4~6人　準備 20min　烹煮 25min

把新鮮的栗子與雞肉一起燒至入味，
甜甜鹹鹹的醬汁，大人小孩都會喜歡喔。

## 材料

雞腿（含腿排）⋯⋯⋯⋯ 2支
（約600公克）
新鮮栗子⋯⋯⋯⋯⋯⋯ 15粒
乾香菇⋯⋯⋯⋯⋯⋯⋯ 4朵
薑⋯⋯⋯⋯⋯⋯⋯⋯ 1小塊
蔥⋯⋯⋯⋯⋯⋯⋯⋯⋯ 2支
紅辣椒⋯⋯⋯⋯⋯⋯⋯ 1支

## 調味料

醬油⋯⋯⋯⋯⋯⋯⋯⋯ 3大匙
米酒⋯⋯⋯⋯⋯⋯⋯⋯ 2大匙
糖⋯⋯⋯⋯⋯⋯⋯⋯⋯ 1大匙
清水⋯⋯⋯⋯⋯⋯⋯⋯ 適量

## 做法

❶ 栗子剝去外殼後，放入電鍋中蒸約10分鐘，取出備用；雞腿洗淨切大塊；香菇泡軟，切成適當塊狀；薑切片；蔥切段；辣椒切段，備用

❷ 熱油鍋，先爆香薑片、蔥白，再放入雞肉煎炒至表面微焦上色，再加入辣椒、香菇，炒出香味，嗆入米酒，再加入醬油、糖，翻炒均勻

❸ 加入適量的水與①的栗子，大火煮滾轉小火續煮約15分鐘後，再放入蔥綠翻炒均勻，即完成

### ── 小米桶的貼心建議 ──

鮮栗子買回家後，先放在陰涼通風處幾天，這樣有利於保存，也會較好剝去硬殼。栗子的硬殼去除後，還有一層膜包覆著栗肉，可以先煮滾一鍋水，熄火後，把栗子放入鍋中，然後一粒粒的從鍋裡取出趁熱剝膜，不要一次全部取出來，或等到水涼了再剝，那樣膜又會緊緊的黏著栗肉，難以剝除囉。另外，剝好的栗肉要泡在水中備用，以避免快速氧化變深色。

| 份量 | 準備 | 烹煮 |
|------|------|------|
| 3~4人 | 20 min | 8 min |

# 椒麻雞

吃泰國料理我必點的就是椒麻雞，炸到外酥裡嫩的雞肉，蘸著酸香辣的醬汁，超過癮。

**材料**

去骨雞腿（含腿排）
　　　　　2塊（約450公克）
麵粉　‥‥‥‥‥‥‥‥‥　適量
高麗菜　‥‥‥‥‥‥‥　適量

**醬汁材料**

蒜末‥‥‥‥‥‥‥‥‥‥　1大匙
香菜碎‥‥‥‥‥‥‥‥　1大匙
辣椒末‥‥‥‥‥‥‥　1/2大匙
檸檬汁‥‥‥‥‥‥‥‥　2大匙
魚露‥‥‥‥‥‥‥‥‥　2大匙
糖‥‥‥‥‥‥‥‥‥‥　1大匙
冷開水‥‥‥‥‥‥‥‥　2大匙

**雞腿醃料**

米酒‥‥‥‥‥‥‥‥‥　1大匙
薑泥‥‥‥‥‥‥‥‥　1/2大匙
鹽‥‥‥‥‥‥‥‥‥‥　適量
雞精粉‥‥‥‥‥‥‥　1/2小匙
香油‥‥‥‥‥‥‥‥‥　1大匙

**做法**

❶ 前一晚預先將雞腿排洗淨後擦乾水份，在肉厚處及筋部用刀割劃幾下，加入米酒、薑泥、鹽、雞精粉抓拌後，再加入香油拌勻，放入冰箱冷藏一夜，使其充分入味，備用

❷ 將高麗菜切成細絲，泡入冰開水中冰鎮15分鐘，使其冰脆後，撈起瀝乾水份，再將高麗菜絲墊於盤底，備用；將所有醬汁材料混合均勻，備用

❸ 將醃好的雞腿排均勻沾裹上薄薄一層的麵粉，先以中小火炸至肉熟，且兩面金黃，再將雞腿排撈起，將爐火轉大，讓油溫升高，再放入雞腿排二次炸酥，撈起瀝乾油份，切塊擺入墊有高麗菜的盤中，再淋上椒麻醬汁，即完成

**── 小米桶的貼心建議 ──**

● 雞腿排肉厚處要用刀片開，以避免肉厚度不一，熟度不均勻。筋也要切斷，炸時才不會縮。

● 魚露與檸檬汁可以依鹹度與酸度的喜好，來調整用量。

● 醬汁裡也可以加入花椒油增添麻辣口感，但量不可多，以避免搶味。

● 也可以直接購賣夜市裡的香雞排或鹽酥雞，淋上自製的醬汁喔。

# 腐乳雞

| 份量 | 準備 | 烹煮 |
|---|---|---|
| 4人 | 15 min | 10 min |

豆腐乳除了可以配稀飯，當佐料炒菜，還能用來醃排骨、雞肉，炸成排骨酥，或是雞塊，也是非常惹味好吃的喔。

**材料**

| | |
|---|---|
| 雞胸肉 | 300公克 |
| 地瓜粉 | 適量 |
| 九層塔 | 1小把 |
| 胡椒鹽 | 適量 |
| 辣椒粉 | 適量 |
| （不吃辣則省略） | |

**調味料**

| | |
|---|---|
| 辣豆腐乳 | 4小塊 |
| （約40公克） | |
| 蒜末 | 1大匙 |
| 酒 | 1/2大匙 |
| 糖 | 1大匙 |
| 雞蛋（攪打成蛋液） | 2大匙 |
| 香油 | 1小匙 |

**做法**

❶ 將雞肉洗淨，去筋切成1.5公分塊狀；辣豆腐乳壓成泥狀，再加入所有的調味料拌勻，再加入雞肉醃約30分鐘，備用

❷ 將醃入味的雞肉均勻沾裹上地瓜粉，靜置3～5分鐘，使粉濕潤後，放入熱油鍋中，以中火炸至表皮金黃酥脆狀，將雞肉撈起

❸ 開大火，繼續讓鍋裡的油加熱，使溫度升高後，再把雞肉放回油鍋中炸約30秒，讓雞肉變酥脆，接著再放入九層塔迅速炸一下，即可將雞肉塊與九層塔撈起，瀝乾油脂，撒上少許胡椒鹽與辣椒粉，即完成

— **小米桶的貼心建議** —

- 雞肉在醃時適當的抓一抓，讓雞肉充份吸收醃料，雞肉會更佳入味與飽含汁液。
- 若真買不到地瓜粉，可以用玉米粉、脆炸粉替代（但不會有地瓜粉的顆粒效果喔）。
- 想讓口感更酥脆，可再做第二次油炸，稱為「搶酥」。做法是：將雞肉塊撈起瀝乾後，讓油繼續加熱使溫度升高後，再把雞肉放回油鍋中炸約30秒～1分鐘，即撈起。

肉類　雞胸

# 韓風辣味炸雞

韓國的炸雞非常好吃，酥脆到連骨頭都可以咬碎，尤其是裹著甜辣醬的辣炸雞，邊吃邊喝冰涼的啤酒，超過癮。而我是將台式的鹽酥雞，裹上辣醬，變化成韓風的甜辣口味。

**材料**

| | |
|---|---|
| 雞胸肉 | 300公克 |
| 鮮奶 | 200毫升 |
| 地瓜粉 | 適量 |
| 炒香的白芝麻 | 1小匙 |
| 烤酥的核桃碎 | 適量（或花生碎） |

**雞肉醃料**

| | |
|---|---|
| 醬油 | 1/2大匙 |
| 米酒 | 1大匙 |
| 蒜末 | 1小匙 |
| 白胡椒粉 | 少許 |
| 雞蛋（攪打成蛋液） | 2大匙 |

**調味料**

| | |
|---|---|
| 蒜末 | 1小匙 |
| 洋蔥末 | 1大匙 |
| 番茄醬 | 2大匙 |
| 韓國辣椒醬 | 2大匙 |
| 醬油 | 2小匙 |
| 糖 | 1大匙 |
| 香油 | 1小匙 |
| 清水 | 60毫升 |

**做法**

❶ 將雞肉用鮮奶泡約20分鐘後，用清水洗淨，瀝乾水份，再去筋切成2公分塊狀，並加入雞肉醃料，醃約30分鐘，備用

❷ 將醃入味的雞肉均勻沾裹上地瓜粉，靜置3～5分鐘，使粉濕潤後，放入熱油鍋中，以中火炸至表皮金黃酥脆，將雞肉撈起瀝乾油脂，備用

❸ 另取一鍋，將蒜末、洋蔥末炒香，加入其餘調味料煮滾後，加入②炸酥的雞肉，快速翻炒均勻，再撒上白芝麻拌勻，起鍋盛入盤中，撒上核桃碎，即完成

**—— 小米桶的貼心建議 ——**

● 可以用帶骨的雞肉，或是雞翅腿與雞中翅。

● 雞肉（尤其是冷凍的雞肉）用鮮奶浸泡，可以去除腥味，並且讓雞肉柔嫩。

● 醃雞肉時，適當的抓一抓，使其充份吸收醃料，雞肉會更加入味與飽含汁液。

● 可以用麵粉加上太白粉，以1比1的比例混合，替代地瓜粉。

● 希望更辣些，則可增加1大匙韓國辣椒粉，或是辣椒油(紅油)。

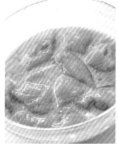

# 雞肉沙嗲

| 份量 約30串 | 準備 20 min | 烹煮 15 min |

在新加坡時，住家樓下每到傍晚常常出現騎著腳踏車叫賣現烤的沙嗲，一串串烤到焦香的肉串，真是好吃。

**材料**

雞胸肉 ·········· 600公克
竹籤 ·············· 適量

**醃料**

香茅碎 ·············· 1大匙
南薑末 ·············· 1小匙
黃薑末 ·············· 2小匙
芫荽子 ·············· 1小匙
小茴香 ·············· 1/2小匙
魚露 ·············· 1大匙
糖 ·············· 2小匙
鹽 ·············· 1/2小匙
椰奶 ·············· 100毫升

**蘸醬**

椰奶 ·············· 250毫升
紅咖哩 ·············· 1/2大匙
花生粉 ·············· 5大匙
糖 ·············· 2大匙
魚露 ·············· 2小匙
檸檬汁 ·············· 1又1/2大匙

**做法**

❶ 將香茅碎、南薑末、黃薑末、芫荽子、小茴香均勻搗碎後，加入魚露、糖、鹽、椰奶，拌勻成為醃料，備用

❷ 將雞胸肉切成0.3～0.4公分厚的長片狀，放入醃料中拌勻，醃至少1小時(醃隔夜更佳)，備用

❸ 製做蘸醬，取一小鍋，倒入椰奶加熱至起油珠(表面微浮起椰油)，加入紅咖哩拌勻，再加入花生粉與糖混合均勻後，加入魚露與檸檬汁調整味道，即成為蘸醬，備用

❹ 將醃好的雞肉用竹籤串成肉串，再邊烤邊刷上醃料至雞肉熟，即完成。食用時搭配蘸醬即可

---

**── 小米桶的貼心建議 ──**

- 南薑末、黃薑末、芫荽子、小茴香可以使用市售的粉狀來替代，但沒有新鮮現磨的香。
- 雞肉也可以切成小塊狀。烹調的方式則可以用烤，或是用鍋煎熟。
- 蘸醬中的花生粉用現磨(或搗碎成粉)的比較香；魚露與檸檬汁，可以依鹹度與酸度的喜好，來調整用量。

- 食用時也可搭配酸甜黃瓜，做法：將成切0.5公分片狀的大黃瓜(或小黃瓜)、紫洋蔥塊、紅、綠辣椒片，加入糖與醋拌勻，即可。

# 培根炒洋蔥

份量 4人　調理 5 min　烹煮 10 min

用煎到微酥鹹香的培根來炒自然甘甜的洋蔥，
果然培根與洋蔥是很好的搭檔。

材料

| | |
|---|---|
| 洋蔥 | 大型的1顆 |
| 培根 | 8片 |
| 鹽 | 少許 |
| 粗粒黑胡椒粉 | 少許 |

做法

❶ 將洋蔥切成方塊狀；培根切成2公分段長，備用

❷ 熱油鍋，放入培根煎至表面微焦後，取出培根備用。再以原鍋放入洋蔥翻炒至洋蔥成半透明後，加入先前的培根拌炒均勻，起鍋前再撒上鹽與黑胡椒粉，即完成

### ── 小米桶的貼心建議 ──

● 也可以將洋蔥拌入少許的橄欖油，放入烤皿後，再放上培根，撒上少許鹽與黑胡椒粉，以攝氏200度烤約10～15分鐘。

● 培根本身已具有鹹度，所以鹽要依實際情況斟酌用量。

● 也可以將洋蔥替換成高麗菜，即為培根炒高麗菜。

# 香煎培根豆腐

用培根包捲著豆腐入鍋煎至金黃微酥，
柔嫩的豆腐吸收了培根的鹹香，簡單又好吃喔。

| 份量 | 準備 | 烹煮 |
| --- | --- | --- |
| 3～4人 | 15 min | 6 min |

材料

| | |
| --- | --- |
| 板豆腐 | 1塊 |
| 培根 | 6片 |
| 鹽 | 少許 |
| 白胡椒粉 | 少許 |
| 香醋 | 適量 |
| 醬油 | 適量 |

做法

❶ 將板豆腐切成12份的長型塊狀，再放在廚房紙巾上吸去多餘的水份；培根切成兩半，備用

❷ 將豆腐撒上少許的鹽與白胡椒粉後，用培根捲起，備用

❸ 熱油鍋，放入❷的培根豆腐，煎至表面金黃微焦，即完成。食用時，可以蘸少許的香醋與醬油增味

──── 小米桶的貼心建議 ────

● 我使用的豆腐切12份有點大，但切成16份又小了點。所以請依豆腐實際的大小，來決定分切成12～16等份。

● 下鍋煎時先將培根豆腐黏合處的那一面朝下，之後再翻面續煎。或是翻面後，在黏合處插入牙籤固定。

● 或是用竹籤串起成為豆腐串，這樣下鍋煎時就不用擔心培根會散開。

● 也可以用蝦仁製作成為蝦仁培根捲。

# 食材的應用變化
### 懂得海味處理保鮮。
### 小廚房端出宴客菜10道

## 海鮮保存法

### 魚

買整條魚時，魚鱗與內臟一般都是已經處理過的了，但是買回家後，我們還得再仔細的把魚肚內的血水、血塊清理乾淨，以去除魚的腥味，之後才放入冰箱冷凍或冷藏。

#### 購買回家後的處理方法

1.將魚肚內的血水、血塊清理乾淨，注意：在魚肚裡緊黏著魚脊骨處，有一道暗紅色的血溝，這是腥味的主要來源，務必用刀尖，以邊沖水的方式，刮除乾淨。

2.再撒適量的鹽在魚身與魚肚內，並用手輕搓後，沖洗乾淨，瀝乾水份後抹上米酒，即完成清潔

#### 保存方法

★整條魚清潔乾淨後，抹上適量的米酒，並放上薑片與蔥段，再用保鮮袋裝好，放入冰箱冷藏約1天內烹煮完畢，或放入冷凍庫冷凍保存約2～3星期。

★也可以將清潔乾淨整條魚，抹上適量的米酒，放入熱油鍋中，將兩面稍微煎至金黃，等冷卻後，用保鮮袋裝好，放入冰箱冷凍或冷藏，日後可以直接加醬汁紅燒，節省烹煮的時間。

### 魚片

冰凍狀態：若購買的是冷凍魚片，則分裝成一次使用的量，冰凍保存。

未冰凍狀態：將魚肚部位處理乾淨，淋入米酒，再將水份擦乾後，用保鮮袋以平整的方式裝好，放入冰箱冷藏約1～2天內烹煮完畢，或放入冷凍庫冷凍保存約2～3星期。

### 蝦

買蝦時要注意新鮮度，蝦頭與蝦身要完整，蝦頭不可脫離，且按壓蝦身要堅實有彈性。若購買的是冷凍蝦，則注意包裝是否完整，不可有結晶的霜狀，若有，則代表是經過退冰後又再冰凍的了，這樣蝦子的品質就無法保證。

#### 購買回家後的處理方法

1.蝦洗淨，剪去嘴尖、腳、觸鬚，再從背部第三節處，用牙籤將腸泥挑起去除後，淋入米酒即完成清潔。

2.或將買回來的蝦直接剝除蝦頭與外殼，再從背部第三節處，用牙籤將腸泥挑起去除後洗淨，淋入米酒，擦乾水份，即完成清潔。

**保存方法**
★將清潔好的蝦，分一次食用的量，用保鮮袋以平整的方式，裝好放入冰箱冷藏約1天內烹煮完畢，或放入冷凍庫冷凍保存約2～3星期。

★將清潔好的蝦，放入加了米酒的滾水中汆燙約15～20秒，撈起泡入冰水中降溫，再瀝乾水份，即可用保鮮袋以平整的方式裝好，放入冰箱冷藏約1天內烹煮完畢，或放入冷凍庫冷凍保存約2～3星期。

## 蝦仁

**冰凍狀態**：若購買的是冷凍蝦仁，則分裝成一次使用的量，冰凍保存。

**未冰凍狀態**：將蝦仁加入適量的太白粉，輕輕抓拌，再用水清洗乾淨後，淋入米酒，擦乾水份，即可用保鮮袋以平整的方式裝好，放入冰箱冷藏約1天內烹煮完畢，或放入冷凍庫冷凍保存約2～3星期。

**食材再利用**
剝除的蝦頭與蝦殼不要丟棄，可以用來熬煮蝦高湯。若是蝦頭與蝦殼的量不多，我會先處理乾淨，放入冷凍庫冰凍保存，等收集到一定的量時，再一起下鍋熬煮，當天晚上就用蝦高湯來煮鍋物料理，或是隔天煮麵吃。

**熬煮方法**
將蝦頭內部黑色的胃囊去除，再連蝦殼放入鍋中，加入適量的水熬煮成高湯，等冷卻後再過濾出湯汁。

枝、魷魚、小卷

透抽、花枝、小卷...等，購買時要注意皮膜是否完整，頭與身體要緊密連結，摸起來要堅實有彈性，不會黏黏的。

### 購買回家後的處理方法

購買時，可以先請店家幫忙處理內臟，回到家後，再挖除頭頂的嘴，用刀割開眼睛，去除眼球，身體的部份，則取出透明軟骨後，撕去外部皮膜，清洗乾淨，即完成清潔。

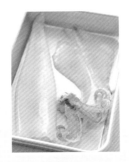

※透抽若想以圈狀的形態烹煮，則請店家幫忙處理內臟時，不要劃開身體。

### 保存方法

★整尾保存，清潔完成後淋入米酒再濾乾，即可用保鮮袋以平整的方式裝好，放入冰箱冷藏約1天內烹煮完畢，或放入冷凍庫冷凍保存約2～3星期。

★清潔完成後，於身體內面切花刀，並切成小片，或是切成圈狀，再放入加了米酒的滾水中汆燙約15～20秒，撈起泡入冰水中降溫，再濾乾水份，即可用保鮮袋以平整的方式裝好，放入冰箱冷藏約1天內烹煮完畢，或放入冷凍庫冷凍保存約2～3星期。

蛤蜊、蜆、海瓜子

要選購泡在水裡，會開合、吐舌的蛤蜊、蜆、海瓜子...等貝類。且最好是當天購買，當天就烹煮。

### 購買回家後的處理方法

放入水中使其吐沙後，再將外殼清洗乾淨。

※吐沙時，可以加入鹽，並放在暗處，較利於吐沙，天熱要放入冰箱冷藏。

### 保存方法

★吐沙並清潔完成後，瀝乾水份，用保鮮袋以平整的方式裝好，放入冰箱冷藏約1天內烹煮完畢，或放入冷凍庫冷凍保存約2～3星期，使用時不需解凍，直接烹煮。

★吐沙並清潔完成後，放入加了米酒的滾水中(水量不用太多)，汆燙至蛤蜊半開，撈起取出蛤肉，等湯汁冷卻後過濾雜質，再一起裝入保鮮袋，放入冰箱冷藏約1天內烹煮完畢，或放入冷凍庫冷凍保存約2～3星期，使用時不需解凍，直接烹煮。

※汆燙過的蛤肉與湯汁，很適合用來蒸蛋，或是當做湯頭喔。

# 辣豆瓣魚

| 份量 | 準備 | 烹煮 |
|---|---|---|
| 4人 | 5min | 20min |

每逢拜拜都會準備牲禮，其中的煎魚最適合用來紅燒了，
或是加豆腐煮成辣豆瓣醬的口味，香香辣辣的非常過癮。

### 材料

| | |
|---|---|
| 鮮魚 | 1尾（約600公克） |
| 嫩豆腐（切小塊） | 1盒 |
| 薑末 | 1大匙 |
| 蒜頭末 | 1大匙 |
| 蔥末 | 1大匙 |
| 豆瓣醬 | 1又1/2大匙 |
| 太白粉水 | 適量 |

### 調味料

| | |
|---|---|
| 米酒 | 1大匙 |
| 醬油 | 1小匙 |
| 糖 | 2小匙 |
| 香醋 | 1/2小匙 |
| 水 | 200毫升 |

海鮮
魚

### 做法

❶ 將魚處理好洗淨，在魚身上抹上少許的鹽與米酒，放入熱鍋中煎至兩面金黃，盛起備用

❷ 以原鍋，放入辣豆瓣醬炒香，再加入薑末、蒜末炒至香味溢出後，加入調味料、①的魚、豆腐塊，煮至入味，再加入太白粉水勾芡，即可盛於盤中，撒上蔥花，即完成

#### ── 小米桶的貼心建議 ──

● 煎魚時可以同時放入1～2片薑去腥。

● 魚肉不需煎至全熟，只要表面稍微金黃上色，之後與醬汁燒煮才不會肉質過老。

● 家中若有酒釀，可以在起鍋前加入1小匙，增加香氣。

● 豆腐可以依喜好決定是否加入，若用的是板豆腐，要事先燙過，以去豆腥味。

海鮮
魚

| 份量 | 準備 | 烹煮 |
|---|---|---|
| 4人 | 10 min | 9 min |

# 清蒸檸檬魚

酸香鮮辣的清蒸檸檬魚,一直是泰式料理必點的菜餚之一,其實在家很容易就可以完成,超輕鬆簡單喔。

### 材料

鱸魚 ‧‧‧‧‧ 1尾(約600公克)
蔥(切長段) ‧‧‧‧‧‧‧ 3〜4根
米酒 ‧‧‧‧‧‧‧‧‧‧‧‧‧ 少許
鹽 ‧‧‧‧‧‧‧‧‧‧‧‧‧‧‧ 少許

### 調味料

蒜末 ‧‧‧‧‧‧‧‧‧‧‧‧‧ 1大匙
辣椒末 ‧‧‧‧‧‧‧‧‧‧ 1/2大匙
香菜梗碎末 ‧‧‧‧‧‧‧ 1大匙
檸檬(擠汁) ‧‧‧‧‧‧‧ 2顆
魚露 ‧‧‧‧‧‧‧‧‧‧‧‧‧ 4大匙
糖 ‧‧‧‧‧‧‧‧‧‧‧‧‧‧‧ 2大匙

### 做法

❶ 將鱸魚處理後洗淨,在魚身的兩面各劃3刀,抹上少許的米酒與鹽,備用;所有調味料混合拌勻成為醬汁

❷ 取一長盤,將蔥段鋪於盤底,擺上鱸魚,再放入水滾的蒸鍋中,大火蒸約8分鐘後,打開鍋蓋,抽去墊底的蔥段,再將醬汁淋在魚身上,蓋回鍋蓋續蒸1分鐘,讓調味醬汁受熱散發出香味後,取出,撒上香菜葉碎,即完成

── 小米桶的貼心建議 ──

● 可以在魚身上撒些洋蔥絲或番茄,再入鍋蒸熟。
● 魚露與檸檬汁可以依口味喜好來調整用量。

柳橙除了當水果吃，也可以用來入菜，或是做成甜點，
香香甜甜的非常開胃。

# 橙汁魚片

| 份量 | 準備 | 烹煮 |
|---|---|---|
| 4人 | 20min | 8min |

## 材料

| | |
|---|---|
| 魚片 | 300公克 |
| 香橙 | 1個（取果肉用） |
| 橙皮屑 | 適量 |
| 麵粉 | 2大匙 |
| 太白粉 | 1大匙 |

## 橙汁醬材料

| | |
|---|---|
| 香橙 2個（擠成汁約為180毫升） | |
| 新鮮檸檬汁 | 1大匙 |
| 君度橙酒 | 1大匙 |
| 糖 | 1大匙 |
| 鹽 | 適量 |
| 太白粉 | 2小匙 |
| （加1大匙水調開） | |

## 魚肉醃料

| | |
|---|---|
| 君度橙酒 | 1小匙（或用米酒） |
| 鹽 | 少許 |
| 蛋液 | 2大匙 |
| 太白粉 | 1小匙 |

## 做法

1. 將魚片加入醃料拌勻，醃約10分鐘；香橙去外皮
   與白膜後取出果肉，備用

2. 將麵粉與太白粉混合均勻，接著將醃好的魚片均
   勻沾裹粉後，靜置約2分鐘，使其濕潤，再放入
   熱油鍋中炸熟，瀝乾油份，盛於盤中備用

3. 取一小湯鍋，加入橙汁醬料（橙酒之後才放），拌
   勻煮滾後，熄火，加入君度橙酒與橙肉，再淋
   在炸好的魚片上，最後磨少許橙皮屑提味，即
   完成

### ── 小米桶的貼心建議 ──

- 君度橙酒可以增加橙香，若沒有則省略。
- 橙肉的白色薄膜要剝除乾淨，以免放入熱醬汁中
  產生苦味。

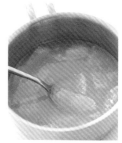

# 蘇式燻魚

| 份量 | 準備 | 烹煮 |
|------|------|------|
| 6~8人 | 20 min | 15 min |

雖名為燻魚,但其實是先炸酥,再浸泡在醬汁中而成的。
鹹甜的滋味與微酥的口感,非常開胃,會讓人一口接著一口的當零食吃。

## 材料
| | |
|---|---|
| 草魚(鯇魚) | 600公克 |
| 蔥 | 2支 |
| 薑 | 3片 |

## 醃料
| | |
|---|---|
| 醬油 | 1大匙 |
| 酒 | 2大匙 |

## 醬汁材料
| | |
|---|---|
| 蔥(切段) | 1支 |
| 薑 | 1片 |
| 醬油 | 5大匙 |
| 香醋 | 2小匙 |
| 糖 | 6大匙 |
| 五香粉 | 1小匙 |
| 香油 | 1大匙 |
| 清水 | 250毫升 |

## 做法

❶ 將草魚洗淨,切成2公分厚度的片狀後,加入醃料與拍扁的蔥薑,醃約10分鐘,備用

❷ 製作醬汁。熱油鍋,先爆香蔥段與薑片,再加入其餘的醬汁用料,煮滾後熄火放涼,備用

❸ 將油鍋燒熱,放入①的魚塊炸熟撈起,將爐火轉大,讓油溫升高,再放入魚塊二次炸至酥脆微焦,撈起瀝乾油份

❹ 再將炸魚塊趁熱立即泡入②的醬汁中,讓魚塊均勻充分吸收味道約30分鐘(勿讓魚塊持續泡在醬汁中,以免過鹹),再從醬汁中撈起放涼,即可食用

### ── 小米桶的貼心建議 ──

● 幾乎任何的魚都可以用來做燻魚,但較正統的是用草魚、鰱魚、或是白鯧,我試過用鮭魚,或是去骨的鯖花魚柳(切大塊)也是蠻好吃的喔。

● 醬汁中的醬油、香醋、糖,可依口味再調整比例用量。

● 一次多做點,用保鮮盒保存,隨時可以當開胃小菜或下酒菜。

# 月亮蝦餅

外皮是薄脆香酥,而内部是新鮮彈牙的蝦肉,
蘸上酸甜爽口的醬料,難怪深受大家喜愛。

### 材料

| | |
|---|---|
| 蝦仁 | 300公克 |
| 肥豬肉(剁碎) | 80公克 |
| 春捲皮 | 4張 |
| 太白粉 | 適量 |

### 調味料

| | |
|---|---|
| 米酒 | 1/4小匙 |
| 蛋白 | 1/2個 |
| 鹽 | 適量 |
| 白胡椒粉 | 適量 |
| 香油 | 1/4小匙 |
| 太白粉 | 1大匙 |

海鮮
蝦

### 做法

❶ 將蝦仁去泥腸,加少許太白粉搓揉,再用水沖洗乾淨後,用廚房紙巾擦乾水分,備用

❷ 用刀背將蝦仁拍扁,並剁成泥狀,放入大盆中摔打約數十下,再加入肥豬肉碎、所有調味料,攪拌均勻後,放入冰箱冷藏約30分鐘,備用

❸ 取1張春捲皮攤平,撒上少許的太白粉,均勻鋪上1/2量的蝦泥,再撒上少許太白粉,接著再覆蓋1張春捲皮,然後用刀拍平,並以刀的尾端在蝦餅上刺出數個小洞,幫助排出空氣,備用。重復相同步驟,將另一份蝦餅製作完畢

❹ 熱鍋,加入適量的油,放入❸的蝦餅,以半煎半炸的方式,將兩面煎至金黃,即完成。食用時可蘸梅子醬,或是泰式酸甜醬

---
┌─── **小米桶的貼心建議** ───┐

● 蝦仁要將水份擦乾後,才可拍扁剁成泥狀。

● 春捲皮包夾蝦泥後要用菜刀拍平,蝦泥才會緊密黏住春捲皮,而且還要用菜刀尾端在蝦餅上刺洞,幫助排出空氣,避免油炸時膨起,這樣煎好的蝦餅就不會皮餡分開。

# 杏仁炸蝦

| 份量 | 準備 | 烹煮 |
|------|------|------|
| 4人 | 25 min | 5 min |

具有豐富層次口感的炸蝦料理，外層是酥酥的杏仁脆，
內部則是鮮甜的蝦肉。

### 材料

| | |
|---|---|
| 鮮蝦 ············ | 12隻 |
| 杏仁片 ··········· | 適量 |
| 鹽 ·············· | 少許 |
| 白胡椒粉·········· | 少許 |
| 泰式酸甜醬········ | 適量 |

### 麵糊材料

| | |
|---|---|
| 麵粉 ············ | 3大匙 |
| 水 ·············· | 2大匙 |
| 鹽 ·············· | 適量 |

### 做法

① 將鮮蝦剝去頭與外殼，但保留蝦尾的部份，然後去除腸泥清洗乾淨，並用廚房紙巾將水份仔細擦乾

② 將鮮蝦腹部的筋挑斷後，用刀從背部劃開，但不切斷，再將鮮蝦攤開成葉子狀，撒上少許的鹽與胡椒粉，備用

③ 將麵糊材料攪拌均勻後，再把②的鮮蝦裹上薄薄的一層麵糊(蝦尾不要裹喔)，再沾裹上杏仁片，放入熱油鍋中，以中大火快速炸至金黃酥脆，即完成。食用時，可蘸泰式酸甜醬

### ── 小米桶的貼心建議 ──

● 蝦尾的水份要仔細擦乾，否則下鍋炸時，容易產生油爆。

● 將鮮蝦腹部的筋挑斷，炸熟的蝦就會保持挺直不彎曲。

● 如果覺得杏仁裹的不平均，那麼可以一片片的用手拿起杏仁，先沾裹少許麵糊，再貼補於蝦身上，像貼貼紙一樣。

● 蝦仁的炸衣，除了用杏仁片，也可替換成杏仁角、麵包粉、黑白芝麻。

● 蝦很容易熟，炸的時間不用太長，以免肉質老化、口感不佳，所以 蝦放入油鍋後，只要表面稍微變金黃色時，就可以撈起囉。

# 蘋果蝦鬆

生菜蝦鬆做法挺簡單的,在家也可以輕鬆完成,
而且在蝦鬆裡增加蘋果丁,口感變得更加清爽喔。

海鮮
蝦

### 材料

| | |
|---|---|
| 蝦仁 | 200公克 |
| 荸薺 | 5粒 |
| 罐頭玉米粒 | 4大匙 |
| 洋蔥 | 50公克 |
| 蘋果 | 小型的1顆 |
| 鹽 | 適量 |
| 萵苣(西生菜) | 適量 |
| 旺旺仙貝 | 2小包(4片) |
| 鹽與白胡椒粉 | 適量 |

### 蝦仁調味料

| | |
|---|---|
| 蒜頭(切片) | 1瓣 |
| 薑片 | 2片 |
| 米酒 | 1大匙 |
| 白胡椒粉 | 適量 |
| 鹽 | 適量 |
| 蛋白 | 1大匙 |
| 太白粉 | 1/2大匙 |

### 做法

① 蝦仁洗淨後擦乾水份,切小丁,加入調味料拌勻,再放入冰箱冷藏,備用

② 荸薺切碎、擠乾水分;洋蔥切小丁;罐頭玉米粒瀝乾水份;蘋果去皮切小丁,再泡入加了少許鹽的冰開水中;萵苣洗淨再修剪成圓形片,放入冰開水中冰鎮以保持脆度;仙貝敲碎,備用

③ 熱油鍋,將蝦仁丁裡頭的薑和蒜片去除,再放入鍋中炒至7分熟,盛起備用

④ 再以原鍋,放入洋蔥丁炒至半透明,再加入先前炒熟的蝦仁丁、荸薺碎、玉米粒,拌炒均勻,再加鹽與白胡椒粉調味

⑤ 起鍋前,將瀝乾水份的蘋果丁加入混合均勻後,將蝦鬆盛於盤中,撒上仙貝碎,食用時以萵苣盛裝,即可

### ─── 小米桶的貼心建議 ───

● 仙貝可以替換成油條、王子麵、可樂果、洋芋片。

● 蝦仁丁可以先拌入1匙油再下鍋炒,這樣比較容易炒散開來。

# 茄汁乾燒蝦

份量 3~4人　準備 15 min　烹煮 6 min

乾燒蝦是我初學做菜時的首道蝦料理，那時為了老公，我天天跟著烹飪節目學做菜，因為是新手還常常鬧出笑話哩。

海鮮
蝦

## 材料

| | |
|---|---|
| 草蝦 | 12隻 |
| 蒜末 | 1大匙 |
| 薑末 | 1大匙 |
| 蔥花 | 1大匙 |
| 辣椒末 | 1小匙 |

## 調味料

| | |
|---|---|
| 番茄醬 | 3大匙 |
| 米酒 | 1大匙 |
| 糖 | 1大匙 |
| 白胡椒粉 | 適量 |
| 鹽 | 適量 |

## 做法

1. 蝦洗淨剪去嘴尖、腳、觸鬚，再從背部剪開，去除腸泥，洗淨後用廚房紙巾擦乾水份，備用
2. 熱油鍋，放入草蝦煎至7分熟，盛起備用
3. 再以原鍋，放入蒜末、薑末、蔥花、辣椒末，爆出香味，加入調味料拌炒，再加入草蝦快速翻炒均勻，即完成

### ── 小米桶的貼心建議 ──

● 將蝦的背部剪開，除了方便去掉腸泥外，還能讓蝦更容易入味，吃的時候也好剝殼。

| 份量 | 準備 | 烹煮 |
|---|---|---|
| 4人 | 10 min | 5 min |

# 炒海瓜子

最喜歡吃媽媽炒的海瓜子了，
我都會用湯汁來拌飯，鮮美鹹香，超級下飯的喔。

### 材料

| | |
|---|---|
| 海瓜子 | 600公克 |
| 蔥 | 3支 |
| 蒜頭 | 4粒 |
| 紅辣椒 | 1支 |
| 九層塔 | 1小把 |

### 調味料

| | |
|---|---|
| 米酒 | 1大匙 |
| 蠔油（或素蠔油） | 1大匙 |
| 糖 | 1小匙 |

### 做法

① 海瓜子預先泡水吐砂，備用；蒜頭切末；蔥切小段；紅辣椒切末；九層塔洗淨，備用

② 熱油鍋，放入蒜末、蔥段、辣椒末爆香，再放入海瓜子略炒後，嗆入米酒，等海瓜子差不多打開約8成，再加入蠔油、糖翻炒均勻，再撒入九層塔，即完成

#### ── 小米桶的貼心建議 ──

● 海瓜子很容易熟，所以下鍋時，不用一直翻炒，只需略炒讓海瓜子均勻受熱，等8成張開後，即可下調味料。

● 也可以增加沙茶醬或辣豆瓣醬，但鹹度要掌控好，因為海瓜子本已具有鹹度。

# 辣拌鮮魷

這是一道韓國風味的涼拌菜，
用梨子泥(汁)做為醬料的基底，
讓拌菜的口感清爽，
還帶點自然的水果甜味。

海鮮 花枝

## 材料

| | |
|---|---|
| 透抽 | 2尾 |
| 洋蔥 | 1/4個 |
| 胡蘿蔔 | 1/4根 |
| 西芹 | 1支 |

## 調味料

| | |
|---|---|
| 醬油 | 2小匙 |
| 米醋 | 1又1/2大匙 |
| 白糖 | 2大匙 |
| 蒜泥 | 1小匙 |
| 辣椒粉 | 2小匙 |
| 香油 | 1小匙 |
| 炒香的白芝麻 | 1小匙 |
| 梨子泥 | 1/4杯 |
| 鹽 | 適量 |

## 做法

❶ 調味料預先調好；西芹洗淨切斜片；胡蘿蔔去皮後切成絲狀；洋蔥切絲後用冰水泡約5分鐘，撈起瀝乾水份，備用

❷ 透抽洗淨，去除皮膜與軟骨後，於身體內面切花刀，並切成小片狀，放入滾水中燙約15～20秒，撈起泡入冰水中降溫，再瀝乾水份，備用

❸ 將❷的透抽加入調味料充份拌勻之後，再加入西芹、胡蘿蔔、洋蔥輕拌，即完成

### ── 小米桶的貼心建議 ──

● 透抽切花刀時，注意要在內面下刀，不能在表皮的那一面，否則切錯面，燙熟後就捲不出花紋囉。

● 透抽很容易熟，所以不要燙過久，以免口感變得老硬不鮮嫩。

● 糖與醋的比例可依喜好自由調配。

## Part 1

# 食材的應用變化

善加利用大份量蔬菜。
不怕颱風菜漲價18道

## 蔬菜保存法

### 高麗菜

高麗菜是一種相當耐存放的蔬菜，購買時盡量挑選外層較多深綠色的葉子，這代表高麗菜新鮮，含較多的水份，吃起來清脆香甜，也能保存較久。

購買回家後的處理與保存方法

**★整顆的高麗菜**
購買回家後不要急著放入冰箱，先在室溫下擺個2～3天，讓表面殘留的農藥逐漸揮發分解掉，再用保鮮袋裝好，以莖部朝下的方式，放在冰箱裡冷藏。

**★分切的高麗菜**
若是已分切的高麗菜，則用保鮮膜將切口密封好，預防切口接觸空氣變黑，再用保鮮袋裝好，放入冰箱冷藏。

### 白蘿蔔

白蘿蔔是價廉物美的蔬菜，購買時應挑選具有光滑的外皮，拿起掂掂看，越結實飽滿、具重量的代表越水嫩，也可以用手指敲打白蘿蔔，如果發出清脆的聲響，就表示品質不錯。

購買回家後的處理與保存方法

**★整根白蘿蔔**
將白蘿蔔的蒂頭與葉子切除後，用報紙包好，再裝入保鮮袋冷藏。

※切除蒂頭，可以防止蒂頭上的葉梗，持續吸收蘿蔔的養份，變成空心蘿蔔。

**★白蘿蔔塊**
將白蘿蔔去皮洗淨切大塊，再放入加了1小匙白米的水中(或是用淘米水)，以小火煮至熟，撈起洗淨，裝入保鮮盒，加入適量的水，放入冰箱冷藏保存，之後隨時取出烹煮，可以節省時間，但盡快在幾天之內用完，並且每日要更換清水。

※白蘿蔔因為富含水份，所以較不建議冷凍保存。

## 馬鈴薯

馬鈴薯營養高，容易有飽足感，尤其在颱風過後，是最佳的抗漲根莖蔬菜。購買時，應避免選擇外皮有皺紋、枯軟、呈現綠皮，或有發芽的馬鈴薯。

### 購買回家後的處理與保存方法

★整顆的馬鈴薯

馬鈴薯一般只要存放在照射不到陽光，且陰涼通風的地方即可，所以馬鈴薯買回家後，先將有水的部位擦乾，再用報紙稍微包住或蓋住，這樣就可以保存很久，也不容易發芽。

若是天氣較熱時，可將馬鈴薯與一顆蘋果，用報紙包好，裝入保鮮袋，再放入冰箱底層冷藏，就能延遲發芽的時間。

※蘋果會釋放出乙烯氣體，具有延緩馬鈴薯發芽的功效。

★馬鈴薯泥

也可以將馬鈴薯煮熟壓成泥狀，待冷卻後，用保鮮袋分裝成一次使用的量，冰凍保存。需要用時，取出解凍用微波爐叮熱，就能製做成沙拉、可樂餅、或是加水煮成濃湯。

※塊狀的馬鈴薯不建議冷凍保存，因為解凍後的口感會跟原來的不太相同。

## 蒲瓜(胡瓜)

蒲瓜一年四季都有得買，是便宜又營養的瓜類蔬菜。購買時應挑選外皮絨毛細密、色澤嫩綠，並且拿在手上具有重量感的為佳。

### 購買回家後的處理與保存方法

★蒲瓜較容易保存，購買回家後，就用報紙包好，再裝入保鮮袋冷藏。若是購買時已具有保鮮膜包裝，則直接放入冰箱冷藏。若蒲瓜一次使用不完，剩下的部份，要用保鮮膜將切口密封好，再放入冰箱冷藏。

## 三色蔬菜丁

三色蔬菜丁可說是廚房裡的好幫手，有胡蘿蔔丁、青豆仁、玉米粒，省去繁瑣的切整，快速又方便。

**購買回家後的處理與保存方法**

★ 直接以攤平的方式，放入冷凍庫冰凍保存。或是裝入寬口的瓶子，以直立的方式冰凍保存。

## 芋頭

芋頭料理多變化，可甜也可鹹。購買時應挑選外形完整，不要有爛點，否則切開定有腐壞之處，並拿起掂掂看，愈輕的愈好，代表水分不會過多，吃起來較鬆糯。

**購買回家後的處理與保存方法**

**★ 整顆的芋頭**

購買回家後，直接放在陰涼通風處即可，或是用報紙包好，裝入保鮮袋，再放入冰箱冷藏。

**★ 芋頭塊**

將芋頭去皮、切塊，用油炸熟，放涼後，放入冷凍庫冰凍保存，日後隨時可以取出熬粥、燉肉、當火鍋配料。

※芋頭塊也可用烤箱烤至表面微乾，或是用微波爐加熱。

# 高麗菜蛋捲

| 份量 2~3份 | 準備 15 min | 烹煮 15 min |

高麗菜蛋捲是媽媽的拿手便當菜，雖然平凡簡單，
確是我用來記憶爸爸與媽媽倆人間的深刻情感。

## 材料

| 高麗菜 | 100公克 |
|---|---|
| 蒜頭 | 1瓣 |
| 蝦皮 | 1小匙 |
| 鹽 | 適量 |
| 白胡椒粉 | 少許 |

### 蛋液用料

| 雞蛋 | 大型的5個 |
|---|---|
| 鰹魚調味粉 | 1小匙 |
| 溫開水 | 60毫升 |

## 做法

❶ 高麗菜洗淨，切成細絲；蒜頭切碎末；蝦皮洗淨，瀝乾水份；將鰹魚調味粉用溫開水調勻後，與雞蛋一起攪打均勻，再用網勺過濾2次成為蛋液，備用

❷ 熱油鍋，爆香蒜末與蝦皮，再放入高麗菜絲翻炒至熟，起鍋前，加入鹽、白胡椒粉調味，盛起備用

❸ 取厚蛋燒小方鍋，以中小火加熱，利用廚房紙巾蘸少許沙拉油，均勻的抹在小方鍋中，等鍋熱之後，倒入適量①的蛋液，搖動鍋面讓蛋液均勻分布，等蛋液呈現半熟的狀態，再放入②的炒熟高麗菜，再包捲起來

❹ 在③空出一半的鍋面上，再倒入適量的蛋液，待蛋液呈現約半熟狀態，即可再次將蛋捲包捲起來，即完成高麗菜蛋捲。（重複③與④的步驟，製作另一份蛋捲）

--- 小米桶的貼心建議 ---

- 捲的時候稍有難度，可以先把爐火關掉，以筷子、鍋鏟輔助手慢慢的捲，捲好再重開火，繼續下一個步驟。

- 或是直接將炒熟並降溫的高麗菜，加入蛋液裡拌勻，再入鍋煎成高麗菜烘蛋。

**份量** 4人　**準備** 20 min　**烹煮** 8 min

# 雞肉高麗菜沙拉

將蒸到滑嫩的雞肉,加上大量的蔬菜,以酸甜的醬汁拌成涼菜,口感是酸香微辣喔。

### 材料

| | |
|---|---|
| 雞胸肉 | 150公克 |
| 高麗菜 | 100公克 |
| 紅蘿蔔 | 1/4根 |
| 小黃瓜 | 1/2根 |
| 洋蔥 | 中小型的1/2顆 |
| 香菜 | 2～3小株 |
| 原味花生 | 2大匙 |

### 雞肉醃料

| | |
|---|---|
| 米酒 | 1/2大匙 |
| 鹽 | 少許 |
| 太白粉 | 1/2小匙 |
| 薑片 | 2片 |
| 蔥(切段長) | 1支 |

### 調味料

| | |
|---|---|
| 蒜末 | 1大匙 |
| 辣椒末 | 1/2大匙 |
| 檸檬汁 | 2大匙 |
| 魚露 | 1大匙 |
| 糖 | 1大匙 |

### 做法

1. 將雞胸肉用米酒、鹽、太白粉抹勻,擺上薑片與蔥段,放入蒸鍋中蒸熟,取出放涼後,再撕成肉絲,備用

2. 分別將高麗菜、紅蘿蔔、洋蔥、小黃瓜切成細絲,泡入冰開水中冰鎮約15分鐘,使其冰脆後,撈起瀝乾水份,備用

3. 將香菜洗淨切小段;花生稍微搗碎;調味料混合均勻成為醬汁,備用

4. 將雞肉絲、高麗菜絲、紅蘿蔔絲、洋蔥絲、小黃瓜絲、香菜段,加入醬汁混合均勻,放入冰箱冷藏約10分鐘,使其入味後,取出盛盤,再撒上花生碎,即完成

#### ── 小米桶的貼心建議 ──

● 蒸雞肉時,可在肉較厚的部位,順著肉紋劃開幾刀,可以讓雞肉熟的較平均。

● 一開始拌的時候也許會覺得份量很多,可是等蔬菜入味後,整體份量就會縮小。

● 雞肉蒸出來的湯汁很鮮,可以一併加入醬汁裡頭(約1～2大匙)。

● 魚露與檸檬汁可以依鹹度與酸度的喜好,來調整用量。

# 腐乳高麗菜

高麗菜大多是用蒜頭、蝦米來清炒，
若是加入具有特殊風味的辣豆腐乳，能讓高麗菜變成香濃微辣的重口味喔。

## 材料

高麗菜 ·············· 350公克
蒜末 ················· 1/2大匙
蔥白末 ··············· 1大匙
辣椒（切斜片）········· 1根

## 調味料

辣豆腐乳 ········ 3～4小塊
　（30公克）
糖 ················· 1/4小匙
米酒 ················· 1小匙
水 ··················· 2小匙

## 做法

❶ 將高麗菜洗淨，用手撕成適當的塊狀後，放入滾水中稍微汆燙一下，再撈起瀝乾水份；辣豆腐乳壓成泥狀，再與其餘調味料混合均勻，備用

❷ 熱油鍋，放入蒜末、蔥白末、辣椒片爆香，再加入高麗菜以大火快速翻炒，續加入調味料，拌炒均勻，即完成

---

# 煮昆布白蘿蔔

冬天是白蘿蔔盛產的季節，不需要過多的調味，
只以簡單的加入昆布一起燉煮，就會有自然的甘甜喔。

## 材料

白蘿蔔 ·············· 400公克
昆布結 ··············· 10公克
柴魚片 ················· 適量
清水 ··················· 適量
白米 ················· 1大匙

## 調味料

醬油 ················· 1大匙
米酒 ················· 1大匙
味醂 ················· 1大匙
鰹魚調味粉 ··········· 1小匙

## 做法

❶ 將白蘿蔔去皮洗淨，切成3公分厚的圓塊狀，再放入鍋中加入適量的水、1大匙米粒，煮約10分鐘後熄火，續燜約10分鐘，再取出以冷水洗淨，備用

❷ 另取一鍋，放入①的白蘿蔔、稍微沖洗乾淨的昆布結、調味料、以及可以淹蓋過白蘿蔔的水量，煮開後，轉小火續煮約15分鐘，即可盛於盤中，並撒上適量的柴魚片，即完成

蔬菜 高麗菜 · 白蘿蔔

—— 小米桶的貼心建議 ——

- 豆腐乳本身已具有鹹度，所以再依實際決定是否加鹽。
- 高麗菜一片片用手撕成塊狀，炒好的口感，會比整顆用刀切的要好喔。
- 高麗菜可先放入滾水中汆燙至微軟後，再入鍋快炒，則可保持清脆口感。
- 也可以將高麗菜替換成空心菜、熟筍、白花椰菜。

—— 小米桶的貼心建議 ——

- 生米能夠去除白蘿蔔的辛辣，引出甜味，而煮熟泡冷水可以收縮纖維，讓蘿蔔的口感更好。
- 蘿蔔已經吸收昆布的海味，就算不加鰹魚調味粉，也一樣好吃喔。
- 乾昆布結可以將片狀的昆布剪小塊來替代。
- 也可將白煮蛋放入鍋中與白蘿蔔一同燉煮。

# 白蘿蔔燴蛋餃

份量 4~5人　導膳 50min　烹煮 15min

將清甜的白蘿蔔與煎到酥香的雞蛋餃一起用高湯燴煮至熟軟。
白蘿蔔完全吸收了櫻花蝦的鮮，以及雞蛋的香氣。

## 材料

| | |
|---|---|
| 白蘿蔔 | 400公克 |
| 櫻花蝦 | 2大匙 |
| （或蝦米1大匙） | |
| 蒜頭 | 2瓣 |
| 蒜苗 | 2支 |
| 高湯 | 250毫升 |

## 調味料

| | |
|---|---|
| 鹽 | 適量 |
| 糖 | 少許 |
| 白胡椒粉 | 1/4小匙 |

## 蛋餃皮材料（約12～15個）

| | |
|---|---|
| 雞蛋 | 3個 |
| 太白粉 | 1/4小匙 |
| 清水 | 1/4小匙 |

## 蛋餃肉餡材料

| | |
|---|---|
| 豬絞肉 | 100公克 |
| 醬油 | 1/2小匙 |
| 米酒 | 1小匙 |
| 蒜末 | 1/2小匙 |
| 白胡椒粉 | 適量 |
| 鹽 | 適量 |
| 香油 | 1/2小匙 |

## 做法

❶ 將所有蛋餃肉餡的材料混合均勻；再將蛋餃皮材料中的太白粉與水先拌勻，加入雞蛋攪打均勻後，用網勺過濾，備用

❷ 取一平底鍋，燒熱後轉小火，用廚房紙巾蘸少許沙拉油在鍋面塗上薄薄的一層油，舀1大匙①的蛋液攤成圓形蛋皮

❸ 趁蛋皮未完全凝固時，放上適量的肉餡，再將蛋皮折成半圓形，邊緣用鍋鏟輕壓密合即成為蛋餃，重復相同動作直到蛋餃材料用畢

❹ 將白蘿蔔洗淨，去皮後切絲；櫻花蝦用份量外的米酒稍微浸泡後瀝乾；蒜頭切碎末；蒜苗洗淨切斜片，備用

❺ 熱油鍋，放入櫻花蝦及蒜末爆出香味，再加入白蘿蔔絲翻炒均勻，倒入高湯，並蓋上鍋蓋燜煮約10分鐘

❻ 再打開鍋蓋，加入調味料調整鹹度，再加入蛋餃，蓋上鍋蓋續燜約3分鐘，起鍋前撒上蒜苗拌勻，即完成

### 小米桶的貼心建議

- 用平底鍋製作蛋餃時，不要一次倒太多的蛋液，應用湯匙慢慢的將蛋液放入鍋裡畫成圓形。
- 中式炒鍋有個弧度較能煎出漂亮的蛋餃，而且用油量比平底鍋要多些，剛好可以將蛋餃煎的金黃酥香，再與白蘿蔔一起燜煮，味道更佳。
- 自製蛋餃雖然較需要點技巧與費時間，但其美味是市售冷凍蛋餃所無法比擬的。
- 蛋餃做好是不能直接吃的喔，因為肉餡還夾生，需再次烹煮。而未用完的蛋餃，可以放入冷凍庫，冰凍保存。

蔬菜

白蘿蔔

| 份量 | 準備 | 烹煮 |
|---|---|---|
| 4人 | 15 min | 15 min |

# 白玉鑲瓜子肉

將瓜子肉鑲在白蘿蔔裡一起蒸，白蘿蔔吸收了瓜子的鹹甜，與豬肉的鮮美，鹹蛋則增添了香氣。

## 材料

| | |
|---|---|
| 白蘿蔔 | 2公分厚度的8塊 |
| 豬絞肉 | 200公克 |
| 蔭瓜（或脆瓜） | 80公克 |
| 生鹹蛋黃 | 1個 |

## 調味料

| | |
|---|---|
| 米酒 | 1大匙 |
| 蒜末 | 1小匙 |
| 白胡椒粉 | 少許 |
| 蔭瓜罐頭汁液 | 1大匙 |
| 清水 | 60毫升 |
| 香油 | 1小匙 |

—— 小米桶的貼心建議 ——

● 鑲瓜子肉蒸熟盛盤後，可以將蒸盤裡的湯汁勾芡，並以拌入香油，再淋在鑲瓜子肉上。

● 白蘿蔔汆燙至稍軟，較利於將中間挖空，若是有大小圓形模，則可以直接壓成中空狀。

## 做法

❶ 將蔭瓜稍微剁碎；生鹹蛋黃分成8等份；將白蘿蔔修整成圓柱狀，再放入滾水中汆燙約3～5分鐘後撈起，再利用小刀與湯匙將中間挖空，備用

❷ 豬絞肉加入米酒、蒜末、白胡椒粉、罐頭汁液、混合均勻後，再將清水分3次邊攪拌邊加入，直至水分被肉吸收，再加入蔭瓜、香油混合均勻，備用

❸ 將肉餡分成8等份，鑲入①的白蘿蔔，並在頂面放上鹹蛋黃後，排入深盤中，放入水滾的蒸鍋，大火蒸約15分鐘，即完成

鹹甜下飯的馬鈴薯燉肉，
幾乎是每一位日本媽媽都會做的家常菜。
有肉有蔬菜，搭配上一碗白飯
就是營養又好吃的一餐喔。

 份量 4人　　 烹煮 20 min

# 馬鈴薯燉肉

蔬菜

馬鈴薯

### 材料

| | |
|---|---|
| 牛肉薄片 | 250公克 |
| 馬鈴薯 | 中小型的4個 |
| 洋蔥 | 1個 |
| 紅蘿蔔 | 1/2根 |
| 蒟蒻絲 | 1包 |
| 荷蘭豆 | 適量 |
| 柴魚高湯 | 400毫升 |

### 調味料

| | |
|---|---|
| 醬油 | 3大匙 |
| 米酒 | 2大匙 |
| 味醂 | 2大匙 |
| 糖 | 1大匙 |

### 做法

❶ 將牛肉薄片切成約5公分段長；馬鈴薯去皮切塊，泡入水中去除澱粉質；洋蔥切成粗條狀；紅蘿蔔去皮切塊，備用

❷ 將荷蘭豆撕去老筋洗淨，放入滾中汆燙後撈起泡入冷水，以保持鮮綠；蒟蒻絲用先前燙豆子的滾水煮約3分鐘，撈起瀝乾水份，再切成適當的段長，備用

❸ 熱油鍋，放入洋蔥炒香，再放入牛肉片炒至變色，再依序加入馬鈴薯塊、紅蘿蔔塊、蒟蒻絲拌炒均勻，加入高湯與調味料，蓋上烘焙紙做成的蓋子，煮約15分鐘至馬鈴薯鬆軟時，再加入荷蘭豆稍微煮一下，即完成

#### ── 小米桶的貼心建議 ──

● 蓋上烘焙紙做成的落蓋，可以讓根莖類的食材，在烹煮時均勻的入味，而且完成後還能保持完整，不鬆散開來。

● 將馬鈴薯塊的邊角修圓滑後，並且泡入水中去除澱粉質，可以讓馬鈴薯煮至鬆軟，還能保持完整的塊狀。

● 牛肉薄片可以替換成豬肉片。荷蘭豆則可以替換成甜豆或四季豆。

# 馬鈴薯烘蛋

份量 4～6人　準備 10 min　烹煮 15 min

加了馬鈴薯的烘蛋，帶有洋蔥的香甜、培根的鹹香，
以及紮實綿軟的口感喔。

蔬菜

馬鈴薯

## 材料

馬鈴薯 ···· 中小型的2～3個
　（約250公克）
洋蔥 ········· 中小型的1個
蒜頭 ················ 2瓣
培根 ················ 3片
雞蛋 ················ 5個
鹽 ················· 適量
粗粒黑胡椒粉 ········ 適量

## 做法

❶ 將馬鈴薯去皮洗淨切成薄片；洋蔥去外皮洗淨切丁；蒜頭切碎末；培根切小丁，備用

❷ 熱油鍋，先將培根煎香，再加入蒜末、洋蔥翻炒至香味溢出，再加入馬鈴薯炒至熟軟，盛起備用

❸ 將雞蛋加入鹽、黑胡椒粉打散，再加入②的炒馬鈴薯混合均勻，放入平底鍋中以小火烘至表面的蛋液凝固，再小心翻面，烘到兩面顏色金黃，即完成

### ── 小米桶的貼心建議 ──

● 用直徑20公分的平底鍋，可以烘出有厚度的蛋。鍋子越大，蛋的厚度就越薄。

● 也可以加入切片蒜苗(或Leek)、蘑菇片、甜椒丁與洋蔥同炒，或是拌蛋液時加入起司。

● 烘蛋翻面的技巧：另準備一個大盤子，將鍋子舉起，讓蛋滑入盤中，再將盤裡的蛋倒扣回鍋裡(倒扣時一手舉鍋，一手拿盤會較好操作)。

# 鮮蝦馬鈴薯可樂餅

份量 4人　5 min

加了整尾鮮蝦的馬鈴薯可樂餅，外皮酥脆，
內部是鬆軟的馬鈴薯泥，與鮮甜的蝦肉。

蔬菜　馬鈴薯

## 材料

| | |
|---|---|
| 鮮蝦 | 12隻 |
| 馬鈴薯 | 2顆（約400公克） |
| 鹽 | 少許 |
| 白胡椒粉 | 少許 |
| 番茄醬 | 適量 |

### 馬鈴薯泥調味料

| | |
|---|---|
| 美奶滋 | 1大匙 |
| 芥末醬 | 1小匙 |
| 鹽 | 少許 |
| 白胡椒粉 | 少許 |

### 炸衣材料

| | |
|---|---|
| 麵粉 | 適量 |
| 雞蛋 | 2顆（打散成蛋液） |
| 麵包粉 | 適量 |

## 做法

❶ 馬鈴薯洗淨瀝乾、去皮，放入微波爐中叮熟，或是用蒸鍋蒸熟後，搗成泥狀，加入調味料混合均勻，再分成12等份，備用

❷ 將鮮蝦剝去頭與外殼，但保留蝦尾的部份，然後去除腸泥清洗乾淨，並用廚房紙巾將水份仔細擦乾，再將鮮蝦腹部的筋挑斷後，撒上少許的鹽與白胡椒粉，備用

❸ 將①的馬鈴薯泥搓圓後壓扁包入鮮蝦（蝦尾要露出），再沾裹上薄薄一層的麵粉，再沾裹上蛋液，再沾裹上麵包粉，放入熱油鍋中，炸至金黃酥脆，即完成。食用時，可蘸番茄醬或是泰式酸甜醬

### ─ 小米桶的貼心建議 ─

● 蝦尾的水份要仔細擦乾喔，否則下鍋炸時，容易產生油爆。

● 將鮮蝦腹部的筋挑斷，炸熟的蝦就會保持挺直不彎曲。

● 馬鈴薯泥若不夠濕潤，可加入適量的牛奶調整濕度，但注意不可過濕，以免不好包裹住鮮蝦。

# 胡瓜豬肉水餃

好吃的水餃，講究的是皮薄、餡多，吃在嘴裡還要有湯汁。將胡瓜拌入豬肉餡裡頭，可以增添清爽鮮甜的口感喔。

| 材料 | | 調味料 | |
|---|---|---|---|
| 胡瓜 | 400公克 | 醬油 | 1大匙 |
| 豬絞肉 | 250公克 | 米酒 | 1大匙 |
| 蔥花 | 適量 | 白胡椒粉 | 1/2小匙 |
| 薑末 | 1大匙 | 糖 | 1/2小匙 |
| 蒜末 | 1大匙 | 香油 | 1大匙 |
| 蝦皮 | 2大匙 | 鹽 | 適量 |
| 水餃皮 45~50個 | | 水 | 100毫升 |

蔬菜

胡瓜

## 做法

❶ 將胡瓜洗淨，用搓絲器搓成絲狀，撒入1/4小匙的鹽拌勻，靜置約10分鐘，使其出水後，擠掉汁液，備用

❷ 將蝦皮用份量外的米酒稍微浸泡後瀝乾，再放入熱油鍋中，與薑末、蒜末一起爆出香味後，盛起備用

❸ 將絞肉放入大盆中，加入醬油、米酒、白胡椒粉、糖、鹽，以同一方向攪拌至絞肉產生黏性起膠狀態，再將100毫升的清水分4次加入盆中，一面加水一面攪拌至水份被絞肉完全吸收

❹ 再將①的胡瓜絲、②爆香的薑蒜蝦皮、香油，加入盆中一起攪拌均勻後，再加入蔥花拌勻，即為胡瓜豬肉餡

❺ 最後 將胡瓜豬肉餡用餃子皮包成水餃後，放入滾水中煮熟，即完成

### ── 小米桶的貼心建議 ──

● 豬絞肉以肥3瘦7的比例最佳，吃起來不柴不膩。

● 在肉餡中分次加入清水，或是以拍扁的蔥薑加水擠抓出的蔥薑水，可以讓肉餡吃起來鮮嫩多汁。

● 250公克的肉大約能打入100~150毫升的水，製作時可依絞肉的狀況來斟酌水量。

● 也可以將韭黃切珠後，加入胡瓜豬肉餡裡頭增加風味。

# 蒲瓜胡塌子

糊塌子是北方的傳統鹹食，做法簡單、味道清爽，很適合在夏天搭配小粥食用。糊塌子一般是用節瓜（又稱西葫蘆，或翠玉瓜），在台灣我們可以用胡瓜來製作。

**蔬菜**

**胡瓜**

## 材料

| | |
|---|---|
| 胡瓜 | 300公克 |
| 雞蛋 | 1個 |
| 中筋麵粉 | 100公克 |
| 蔥花 | 1大匙 |
| 香菜末 | 1大匙 |
| 鹽 | 1/2小匙 |
| 香油 | 1小匙 |
| 白胡椒粉 | 少許 |

### 醋醬油（混合均勻成為蘸醬）

| | |
|---|---|
| 醬油 | 2大匙 |
| 香醋 | 2小匙 |
| 糖 | 1/2小匙 |
| 蒜末 | 1小匙 |
| 辣椒末 | 適量 |
| 香油 | 1/2小匙 |
| 冷開水 | 2大匙 |

## 做法

❶ 將胡瓜洗淨，用搓絲器搓成絲狀，撒入鹽拌勻，靜置約10分鐘，使其出水後，擠去汁液，備用

❷ 將①的胡瓜加入麵粉、雞蛋、蔥花、香菜末、香油、白胡椒粉，邊攪拌，邊適情況加入先前擠去的胡瓜汁液，直到成為麵糊狀（胡瓜汁液不需全部加入）

❸ 取一平底鍋，倒入少許的油，熱鍋後再將麵糊倒入鍋中，煎成兩面微金黃的薄餅，食用時再蘸醋醬油即可

### ── 小米桶的貼心建議 ──

● 胡瓜的汁液要擠掉，煎好的餅才不會因為胡瓜內部出水，而過於濕潤。

● 餅的厚薄可依喜好來決定，若煎成如蛋餅般的薄片，則可以包捲配料一同食用。

● 麵糊裡也可以增加喜愛的配料，比如：爆香過的蝦米、蝦皮，或是火腿絲、紅蘿蔔絲、玉米粒。

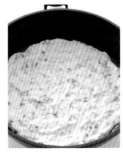

# 胡瓜炒貢丸

清甜的胡瓜，搭配鹹香的櫻花蝦與彈牙貢丸，
簡單的炒一炒就很好吃，而且湯汁還很適合用來拌飯喔。

## 材料

| | |
|---|---|
| 胡瓜 | 400公克 |
| 櫻花蝦 | 2大匙 |
| 貢丸 | 4粒 |
| 蒜頭 | 1瓣 |
| 米酒 | 適量 |
| 清水 | 3大匙 |

## 調味料

| | |
|---|---|
| 鹽 | 適量 |
| 白胡椒粉 | 少許 |

**蔬菜**

胡瓜

## 做法

❶ 將胡瓜洗淨去皮後切片；櫻花蝦用米酒稍微浸泡後瀝乾；貢丸洗淨切片；蒜頭切碎末，備用

❷ 熱油鍋，放入櫻花蝦及蒜末爆出香味，再加入胡瓜翻炒均勻，加入貢丸、清水炒勻，再小火加蓋燜煮至胡瓜微軟後，再用調味料調味，即完成

### ─── 小米桶的貼心建議 ───

● 將胡瓜內籽部份稍微切除，並切約0.3～0.4公分的片狀，只要稍微炒軟，就會帶點脆脆的口感喔。

● 櫻花蝦可以用1大匙蝦米替代。

# 芋頭燒肉

蔬菜
芋頭

**材料**

梅花肉 ………………… 600公克
芋頭 …………………… 400公克
蒜頭 …………………… 2瓣
薑 ……………………… 3片
蔥 ……………………… 2支
清水 …………………… 適量

**調味料**

醬油 …………………… 50毫升
米酒 …………………… 1大匙
糖 ……………………… 1大匙

第一次吃到芋頭燒肉是婆婆親手做的，
滷到軟嫩入味的豬肉塊，
以及入口即化的粉糯芋頭，
非常的好吃，特別是芋頭，
比肉還要吸引我喔。

**做法**

❶ 芋頭去皮洗淨，擦乾水份後切塊，再放入熱油鍋中，炸至金黃，撈起瀝去油脂，備用

❷ 梅花肉洗淨切大塊；蒜頭洗淨拍扁；蔥洗淨切成段長，備用

❸ 熱油鍋，先將梅花肉煎至表面微焦上色，再加入蒜頭、薑片、蔥段，炒出香味，嗆入米酒，再加入醬油、糖，翻炒均勻，倒入可以稍微淹蓋過梅花肉的水量，以大火煮滾，蓋上鍋蓋小火續煮約30分鐘後，再放入①的炸芋頭塊，續煮約10分鐘，即完成

---── 小米桶的貼心建議 ──---

● 芋頭建議一次多炸一些，未使用完的可以冷凍保存，日後隨時都能用來燉肉、燉排骨、或是熬粥、煮火鍋。

● 等肉滷的差不多軟爛時，才放入芋頭，就不怕芋頭煮過久而化入醬汁裡。

● 梅花肉可替換成五花肉，或是小排骨。

| 份量 | 熟量 | 烹煮 |
|---|---|---|
| 12個 | 30 min | 1 min |

# 蛋黃芋棗

小時候跟著爸媽參加喜宴，我最期待的就是最後上桌的炸芋棗，甜甜鹹鹹的，每一口充滿著芋頭香。

## 材料

| | |
|---|---|
| 芋頭 | 400公克 |
| 鹹蛋黃 | 6個 |
| 肉鬆 | 適量 |
| 糖 | 2大匙 |
| 低筋麵粉 | 2大匙 |
| 奶油 | 1大匙 |
| 米酒 | 少許 |
| 鹽 | 少許 |

## 做法

❶ 將鹹蛋黃噴上少許米酒，放入烤箱以攝氏180度烤約5分鐘，或是用電鍋蒸，等放涼後切對半，備用

❷ 將芋頭去皮洗淨切片，放入電鍋中蒸熟後，趁熱壓成泥狀，並加入少許鹽、糖、麵粉、奶油揉勻，再分成12等份，備用

❸ 將每份芋泥搓圓後壓扁包入少許的肉鬆與鹹蛋黃，再搓圓並沾裹上薄薄一層的麵粉，放入熱油鍋中，炸至金黃酥脆，即完成

─── 小米桶的貼心建議 ───

● 芋泥如果過濕，可以先放入鍋中炒乾水份，再加糖與麵粉揉勻。

● 內餡可以增加紅豆沙，或是完全不加餡的純芋泥。

| 份量 | 準備 | 烹煮 |
|---|---|---|
| 4人 | 15 min | 45 min |

# 芋頭鹹粥

媽媽常常利用隔夜剩飯煮成鹹粥，
冰箱裡有什麼料，媽媽就通通加進粥裡，
雖然是個大雜匯，卻非常的好吃喔。

## 材料

| | |
|---|---|
| 白米 | 1杯 |
| 芋頭 | 300公克 |
| 梅花肉 | 150公克 |
| 蝦米 | 2大匙 |
| 香菇 | 3朵 |
| 紅蔥頭 | 3粒 |
| 水（或高湯） | 8杯 |
| 芹菜珠 | 適量 |

## 調味料

| | |
|---|---|
| 醬油 | 1小匙 |
| 鹽 | 適量 |
| 白胡椒粉 | 1/2小匙 |

## 做法

❶ 白米洗淨，用水稍微浸泡一下，再瀝乾水份；梅花肉洗淨切小丁，再加入份量外的1小匙醬油與白胡椒粉拌匀；香菇泡軟洗淨後切小丁；紅蔥頭切碎；蝦米洗淨；芋頭切2公分塊狀，備用

❷ 熱油鍋，放入芋頭炒至表面金黃後盛起，再將紅蔥頭與蝦米放入鍋中爆香，再加入豬肉丁炒至肉變色，加入香菇丁與先前炒過的芋頭，翻炒至肉熟，盛起備用

❸ 以原鍋放入白米、清水，大火煮滾轉小火，邊煮邊攪拌至米約7分熟，再加入❷的炒料，續煮至想要的濃稠度，再加入調味料調整鹹度，起鍋前撒入芹菜珠拌匀，即完成

### ── 小米桶的貼心建議 ──

● 也可以用剩飯來替代白米煮成鹹粥。

● 煮粥的水量，可依喜好的濃稠度來決定。

● 芋頭容易煮化，若切得太小，就會完全化入粥裡。

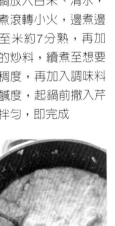

# 乳酪鹹塔

用吐司做塔皮，並結合了起司與鮮奶油的濃郁奶味，以及培根、蔬菜的香甜，是一道簡單又好吃的輕食料理。

**材料**

| | |
|---|---|
| 去邊吐司 | 6片 |
| 三色蔬菜丁 | 1杯（約120公克） |
| 洋蔥 | 中小型的1/2個 |
| 培根 | 3片 |
| 起司絲 | 60公克 |
| 奶油 | 適量 |

**調味料**

| | |
|---|---|
| 鹽 | 適量 |
| 粗粒黑胡椒粉 | 適量 |

**蛋奶糊用料**

| | |
|---|---|
| 雞蛋 | 2個 |
| 鮮奶油 | 100毫升 |
| 牛奶 | 100毫升 |
| 鹽 | 少許 |
| 粗粒黑胡椒粉 | 少許 |

蔬菜　冷凍三色蔬菜

**做法**

❶ 將去邊吐司用擀麵棍或酒瓶稍微壓薄後，用刀子在吐司的四邊各切一刀，長度約3公分，備用

❷ 將馬芬蛋糕模（或布丁模）均勻塗上薄薄一層的奶油後，鋪上①的吐司，並用手壓緊，再放入烤箱稍微烤約1～2分鐘至吐司乾燥定型，再從烤箱取出，備用

❸ 將三色蔬菜丁放入滾水中氽燙，再撈起瀝乾，備用；洋蔥切小丁；培根切小丁，備用

❹ 熱油鍋，先放入培根丁爆香，再加入洋蔥炒至香味溢出後，加入三色蔬菜丁、少許鹽與粗粒黑胡椒粉，拌炒均勻，盛起備用

❺ 雞蛋加入鹽、黑胡椒粉，攪打均勻，再加入鮮奶油與牛奶拌勻，即為蛋奶糊，備用

❻ 將④的炒培根蔬菜填入做法2的吐司裡，撒上起司絲，再倒入蛋奶糊，送入已經預熱的烤箱，以攝氏180度烤約20分鐘，即完成

---

**—— 小米桶的貼心建議 ——**

● 培根與起司絲已經具有鹹味，所以蛋奶糊中鹽的用量勿過多。

● 吐司鋪進馬芬蛋糕模並壓緊後，可以將突出的部份裁掉，或是往內折並壓緊。

● 吐司可以替換成鹹塔皮或是起酥塔皮。

| 份量 | 準備 | 烹煮 |
|------|------|------|
| 4人 | 8 min | 5 min |

# 炒什錦蝦仁

我喜歡冰箱裡隨時庫存著三色蔬菜丁,有時來不及做飯,我就會烹煮這道簡單又快速的家常蝦料理。

### 材料

三色蔬菜丁 ······ 1又1/2杯
（約180公克）
蝦仁 ············· 250公克
蒜頭（切末）········· 1瓣
薑（切末）··········· 1片

### 蝦仁醃料

米酒 ············· 1小匙
白胡椒粉 ··········· 適量
太白粉 ············ 1/2小匙

### 調味料

高湯 ············· 2大匙
雞精粉 ············ 1/2小匙
鹽 ·············· 適量
白胡椒粉 ··········· 適量
香油 ············· 1/小匙

### 做法

❶ 將三色蔬菜丁放入滾水中汆燙,再撈起瀝乾,備用;蝦仁去腸泥洗淨瀝乾水份,加入所有醃料拌勻,醃約5分鐘,備用

❷ 熱油鍋,將蝦仁放入鍋中煎至7分熟,盛起備用;再以原鍋爆香蒜末與薑末,再放入蝦仁、三色蔬菜丁快速翻炒,最後再加所有調味料拌炒均勻,即完成

#### ── 小米桶的貼心建議 ──

● 蝦仁可以用汆燙的方式,但我喜歡用煎的,比較能保留蝦的鮮味。

● 起鍋前也可以用太白粉水勾薄芡收汁。

用脆硬的歐式麵包來盛裝濃湯，好看又好吃。
而且不要小看這碗麵包湯，
連湯帶麵包的吃完，可就差不多飽囉。

份量 4人　準備 18min　烹煮 10min

# 雞肉
# 麵包濃湯

## 材料

| | |
|---|---|
| 三色蔬菜丁 | 1杯（約120公克） |
| 雞胸肉 | 100公克 |
| 市售濃湯罐頭 | 1罐（約310公克） |
| 球狀歐式麵包 | 4個 |
| 清水 | 300毫升 |
| 粗粒黑胡椒粉 | 適量 |
| 鹽 | 適量 |

### 雞肉調味料

| | |
|---|---|
| 米酒 | 1小匙 |
| 鹽 | 適量 |
| 太白粉 | 1/2小匙 |

## 做法

❶ 將雞胸肉切小丁，加入調味料拌勻醃約10分鐘後，再放入滾水中燙熟，撈起備用；再將 三色蔬菜丁放入先前燙雞肉的鍋中快速汆燙，再撈起瀝乾水份，備用

❷ 取一鍋，倒入清水300毫升與罐頭濃湯攪拌均勻並煮滾後，加入①的雞肉丁與三色蔬菜丁，續煮至滾，撒上少許鹽與粗粒黑胡椒粉調味，即成為雞肉濃湯，備用

❸ 將球狀歐式麵包切去頂端一部份，並將內部挖空成碗狀（不要挖的太薄），再盛入雞肉濃湯，即完成

—— 小米桶的貼心建議 ——

● 雞胸肉拌入少許的太白粉，可以讓煮熟的雞肉鮮嫩不乾澀。

● 麵包碗可以先放入烤箱烤到脆硬後，再盛入濃湯，口感會更好。挖出的麵包可以烤酥後蘸濃湯食用，或是拌入生菜沙拉。

● 可用橢圓形的麵包，或是將法棍麵包切一小段，然後將中間挖空成碗狀。

● 濃湯煮好後，等開飯時才盛入麵包碗上桌。

● 湯的清水用量，請依照所使用的濃湯罐頭指示。

# 食材的應用變化

## 多出來的辛香料也毫不浪費4道

## 辛香料

辛香料是廚房必備的食材，可以去腥、增加香氣，每次用量不多，就能具有畫龍點睛的效果。

### 蔥

購買回家後的處理與保存方法

★整支蔥

可以將整支蔥洗淨後，切成兩半，放入空的牛奶紙盒裡面，上方用保鮮膜封住，以直立的方式擺放在冰箱門的冷藏區域，就可以延長蔥的保存期限。

※若冰箱高度夠，就連根洗淨，直接放入牛奶盒裡，倒入少許的水，再套上保鮮袋，並在袋上打幾個小洞透氣，避免水氣凝結，再以直立的方式擺放在冰箱門的冷藏區域。

★蔥花與蔥段

蔥洗淨後將水份完全晾乾，或是用廚房紙巾擦乾後，切成蔥花或蔥段，用保鮮盒密封裝好，放入冷凍庫冰凍保存，需要的時候，直接取用，不用退冰。

### 薑

購買回家後的處理與保存方法

★整塊的薑

一般只需放在陰涼通風處即可。

★薑片

把薑切成片狀，以不重疊的方式，排在舖有保鮮膜的淺盤中，放入冷凍庫冰凍後，取出用保鮮袋裝好，再放回冷凍保存。

★薑末

把薑洗淨去皮，並切小塊，再用食物調理機打成碎末，再連同汁液一起用保鮮袋以攤平舖薄的方式裝好，放入冷凍庫冰凍保存，需要的時候直接剝下一小塊使用，不用退冰。

### 蒜頭

購買回家後的處理與保存方法

★帶皮的蒜頭

將蒜頭放進網狀袋裡，或是絲襪，吊掛在陰涼通風處即可。

★蒜片

將蒜頭去皮洗淨後擦乾水份，切成片狀，裝入玻璃罐，再倒入可以淹蓋過蒜片的炒菜油，放入冰箱冷藏，等蒜片用完後，還有一罐充滿蒜香的蒜油可以運用喔。

**★蒜末**

將蒜頭去皮洗淨後擦乾水份，再用食物調理機打成碎末，再連同汁液一起用保鮮袋以攤平舖薄的方式裝好，放入冷凍庫冰凍保存，需要的時候直接剝下一小塊使用，不用退冰。

## 辣椒

購買回家後的處理與保存方法

★新鮮辣椒如果份量少，可以放在冰箱冷藏保存，若份量多無法一下子吃完，可以先將辣椒洗淨，擦乾水份，用保鮮袋裝好，放入冷凍庫冰凍保存，這樣辣椒可以保存很久，不會發霉也不會變皺，使用時也不需解凍，直接切片或切碎烹煮。

## 九層塔

購買回家後的處理與保存方法

★將葉子摘下，蓬鬆的放入墊有廚房紙巾的保鮮盒裡，冷藏保存。

★或是整支直接放入牛奶盒裡，倒入少許的水，再套上保鮮袋，並在袋上打幾個小洞透氣，避免水氣凝結，以直立的方式擺放在冰箱門的冷藏區域。

# 豆腐的創意變身3道

## 豆腐

豆腐的營養高，且價格不貴，可以涼拌，或是煎、煮。若是一時吃不完，還可以冰凍成凍豆腐，成為火鍋的良伴喔。

**香菜**

購買回家後的處理與保存方法

★將香菜去除腐爛或發黃的部份後，放入墊有廚房紙巾的保鮮盒裡，冷藏保存。

購買回家後的處理與保存方法

★豆腐購買回家後先清洗乾淨，用保鮮盒盛裝，並加入可以淹蓋過豆腐的水量，以及少許的鹽，再放入冰箱冷藏，並每日換水。

★或是連根洗淨，稍微晾乾水份後，直接放入牛奶盒裡，倒入少許的水，再套上保鮮袋，並在袋上打幾個小洞透氣，避免水氣凝結，以直立的方式擺放在冰箱門的冷藏區域。

★或是將豆腐瀝乾水份，切成塊狀，放入舖有保鮮膜的淺盤中，放入冷凍庫冰成凍豆腐，取出分成一次食用的量，用保鮮袋分裝好，再放回冷凍保存。

# 蔥開煨麵

煨麵就是把麵條直接放入高湯裡煮熟，用料雖簡單，但工可不能馬虎，蔥要煎炒至香而不焦，湯汁得濃稠，麵條軟糊而不爛。

### 材料

| | |
|---|---|
| 蔥 | 10支 |
| 開陽（蝦米） | 60公克 |
| 高湯 | 2000毫升 |
| 細拉麵 | 4人份 |
| （約350公克～400公克） | |
| 青江菜 | 適量 |

### 調味料

| | |
|---|---|
| 紹興酒 | 1大匙 |
| 醬油 | 2大匙 |
| 鹽 | 適量 |
| 白胡椒粉 | 適量 |

### 做法

❶ 蝦米洗淨，用份量外的酒稍微泡軟後瀝乾；蔥洗淨切成5公分段長；青江菜洗淨，備用

❷ 熱油鍋，放入蔥段炒至微焦上色，再放入蝦米炒至散發出香味，淋入紹興酒與醬油，再加入高湯，大火煮滾轉小火續煮約10分鐘

❸ 另取一湯鍋，加入適量的水，煮滾後，放入青江菜燙熟撈起備用，再續將麵條放入鍋裡汆燙約1分鐘，再撈起放入②的湯中，煨煮約8～10分鐘，至湯濃麵軟，再加鹽與白胡椒調味，最後盛於碗中，放上燙熟的青江菜，即完成

## 小米桶的貼心建議

● 蔥開煨麵的蔥指的是青蔥，而開則是開陽（蝦米），我為了讓蝦的鮮味更濃郁，所以額外添加大型的櫻花蝦。

● 炒蔥段時，下的油量要稍多一點，約3～4大匙。

● 燙青菜可依喜好斟酌是否添加。

● 煨麵就是要煮到湯糊麵發漲，所以實際煨煮的時間，要以麵條的軟硬狀況來決定。

● 如果湯汁快被麵條吸乾，可以適時加入熱高湯或熱水。

# 薑絲炒大腸

薑絲炒大腸是媽媽的超級拿手菜，每次親友來家中吃飯，媽媽會應要求的炒上一大盤。脆脆的大腸綜合了薑絲的香，與酸溜的滋味，好吃極了。

**材料**

| | |
|---|---|
| 大腸 | 300公克 |
| 嫩薑 | 100公克 |
| 米酒 | 1大匙 |

**調味料**

| | |
|---|---|
| 白醋 | 6大匙 |
| 黃豆醬 | 1又1/2大匙 |
| 糖 | 1小匙 |

**做法**

❶ 將市售處理好的大腸，用份量外少許的鹽、酒、薑片、蔥段抓洗，再沖洗乾淨，瀝乾水份後，切小段，備用

❷ 嫩薑洗淨切成細絲；將白醋、黃豆醬、糖，混合均勻成為醬汁，備用

❸ 熱油鍋(鍋要燒熱些)，以大火把薑絲炒出香味後，放入大腸翻炒數下，嗆入米酒，蓋上鍋蓋燜煮約30秒～1分鐘，再打開鍋蓋加入先前調好的醬汁，快速翻炒均勻，即完成

辛香料　薑

── 小米桶的貼心建議 ──

● 大腸要大火快炒才會脆，所以下鍋後不太需要翻炒，只要嗆入米酒，蓋上鍋蓋燜30秒～1分鐘後，即可下調味料。

● 也可以先將大腸加入少許的蔥、薑、米酒，放入電鍋中蒸30分鐘至熟軟，再切小段入鍋炒。

● 一般炒大腸都是用醋精才夠酸，但較不健康，可以用較酸的陳年老醋，或是加入酸菜頭增加酸味。

# 烤香蒜麵包

| 份量 | 準備 | 烹煮 |
|---|---|---|
| 4人 | 10 min | 2 min |

我常常把吃不完的吐司或是法棍，塗抹上自製的香蒜奶油，
放入烤箱，烤成香死人不償命的大蒜麵包。

**材料**

| | |
|---|---|
| 含鹽奶油 | 50公克 |
| 蒜末 | 1大匙 |
| 起司粉 | 1大匙 |
| 糖 | 1/4小匙 |
| 巴西里碎末 | 1/2小匙 |
| 法棍麵包 | 1/2條 |

**做法**

❶ 將奶油放在室溫下軟化後，加入蒜末、起司粉、糖、巴西里碎末，混合均勻成為香蒜奶油，備用

❷ 將法棍麵包切片後，塗抹上香蒜奶油，再放入烤箱，烤至麵包表面金黃酥香，即完成

# 塔香菜脯蛋

| 份量 | 準備 | 烹煮 |
|---|---|---|
| 4人 | 15 min | 5 min |

最喜歡媽媽在我的便當盒裡準備一份菜脯蛋了，
就算回蒸也不會走味，鹹鹹的很下飯。

**材料**

| | |
|---|---|
| 雞蛋 | 3個 |
| 碎丁狀的菜脯 | 90公克 |
| 蔥花 | 2大匙 |
| 九層塔（切碎） | 1小把 |
| 香油 | 1小匙 |

**調味料**

| | |
|---|---|
| 醬油 | 1小匙 |
| 糖 | 1/2小匙 |
| 白胡椒粉 | 適量 |

**做法**

❶ 將菜脯稍微洗去鹹度，擠去水份，備用。熱油鍋，放入蔥花爆香後，放入菜脯末炒勻，再加入調味料翻炒均勻，盛起備用

❷ 等①的炒菜脯末稍微降溫後，與雞蛋、九層塔末，一起攪打成蛋液，備用

❸ 將先前炒菜脯的油鍋，加入適量油與1小匙香油，燒熱後，倒入蛋液並用筷子攪動至稍微凝固，即停止動作，再煎到蛋的邊緣微焦且散發出香味時，翻面續煎至金黃酥香，即完成

**── 小米桶的貼心建議 ──**

- 也可用無鹽奶油，但要再加少許鹽調味。
- 拌好的香蒜奶油可以放入冰箱冷藏約2星期，但因為含有生大蒜與巴西里碎末，所以最好盡快使用完畢，比如：可以應用在烤雞、烤馬鈴薯。
- 法棍麵包可以替換成吐司，只要將一片吐司切成三等份的條狀即可。

**── 小米桶的貼心建議 ──**

- 有的菜脯鹽份較高，所以要先將鹹度洗去，以免過鹹喔。
- 菜脯先下鍋炒香，再與蛋液拌勻入鍋煎，這樣更能吃出菜脯的香味。
- 菜脯蛋要煎得酥香，則油量要足，等快煎好的時候，再開大火把油逼出，即可盛盤。

# 炸豆腐漢堡排

| 份量 | 準備 | 烹煮 |
|---|---|---|
| 2人 | 20 min | 5 min |

利用豆腐與蝦仁來做漢堡排，味道清爽，而且還帶點QQ的彈性口感喔。

### 材料

| | |
|---|---|
| 板豆腐 | 1塊（約300公克） |
| 蝦仁 | 100公克 |
| 蔥白碎末 | 2大匙 |
| 薑泥 | 1/4小匙 |
| 麵包粉 | 適量 |

### 調味料

| | |
|---|---|
| 雞精粉 | 1/2小匙 |
| 鹽 | 適量 |
| 白胡椒粉 | 適量 |
| 香油 | 1小匙 |
| 蛋白 | 1/2個 |
| 太白粉 | 1大匙 |

### 做法

1. 將蝦仁去腸泥洗淨，用廚房紙巾擦乾水份，再拍扁剁成碎末；豆腐用紗布(棉布)包住擰去水分後捏碎，備用

2. 將蝦末、豆腐泥、蔥白碎末、薑泥，以及所有調味料混合均勻，分成4等份，手蘸點水將其整成橢圓餅狀，沾裹上麵包粉，放入熱油鍋中，炸至表面金黃酥脆，即完成。可搭配生菜，以及市售漢堡排醬，或是番茄醬食用

豆腐

### ─── 小米桶的貼心建議 ───

- 豆腐的水份要擠乾，否則太濕軟不好成型。
- 可將蝦仁替換成鮭魚肉、絞肉。
- 漢堡排也可以不沾裹麵包粉，直接入鍋煎熟(請用不沾鍋，會較好操作)。

這是一道沖繩風味的家常料理"chanpuru"，
以豆腐、蔬菜、肉、雞蛋為主料，雖是炒菜
類，但吃起來非常清爽喔。

# 苦瓜
# 炒豆腐

材料
板豆腐 ············· 1塊
山苦瓜 ············ 1/2條
（一般苦瓜亦可）
薄五花肉片 ······ 150公克
雞蛋 ············· 2個
香油 ············· 1小匙

調味料
鹽 ··················· 適量
粗粒黑胡椒粉 ······· 適量

做法
❶ 豆腐用手剝大塊；苦瓜洗
淨去籽，刮除內側白膜後
切薄片；薄五花肉片切成
3公分段長後，撒上少許
鹽與黑胡椒粉調味；雞蛋
攪打成蛋液，備用
❷ 熱油鍋，放入豆腐煎炒至
微焦上色後，撒上少許
鹽與黑胡椒粉調味，盛起
備用

❸ 再以原鍋，倒入1小匙的香油，放入薄
五花肉片炒至變色後，加入苦瓜翻炒至
熟，再加入②的豆腐拌勻，淋入雞蛋
液，炒至蛋熟後，加鹽與黑胡椒粉調
味，即完成

── 小米桶的貼心建議 ──

● 豆腐剝大塊後，放在篩網上靜置15分鐘，可
讓水份瀝乾，或是用廚房紙巾稍微吸去多餘
水份。
● 若不喜歡苦瓜的苦味過重，可以先把苦瓜片放
入滾水中稍微汆燙。
● 苦瓜豆腐炒好盛盤後，可以撒上柴魚片增加
風味。
● 苦瓜可用韭菜替代，或是增加甜椒與豆芽菜。
薄五花肉片則可以替換成火腿、培根、午餐
肉，或是魚板。

# 蟹肉燴豆腐

份量 4人　25 min　烹煮 10 min

將新鮮的活蟹蒸熟後取出蟹肉，再與豆腐一起燴煮，
湯汁鮮美、豆腐滑嫩，非常的好吃喔。

## 材料

| | |
|---|---|
| 豆腐 | 1塊 |
| 螃蟹 | 1隻 |
| 毛豆仁 | 30公克 |
| 薑末 | 1/2大匙 |
| 蔥白末 | 2大匙 |
| 高湯 | 250毫升 |
| 太白粉 | 1小匙 |

## 調味料

| | |
|---|---|
| 鹽 | 適量 |
| 白胡椒粉 | 少許 |
| 香油 | 1小匙 |

## 做法

❶ 將螃蟹處理好洗乾淨後放入水滾的蒸鍋，以大火蒸約5分鐘後取出，再將蟹肉挖出，備用

❷ 豆腐切塊，放入滾水中汆燙後撈起；毛豆仁也放入滾水中汆燙撈起，備用

❸ 取一鍋，加入少許的油，炒香薑末與蔥白末，再倒入高湯煮至滾，放入蟹肉、豆腐、毛豆仁，以及鹽、白胡椒粉，調整味道，續煮至滾，再加太白粉水勾芡，起鍋前淋入香油，即完成

### ── 小米桶的貼心建議 ──

● 蟹肉可以用市售的蟹腿肉替代，但自己蒸蟹取肉，會更鮮甜美味。

● 將蟹肉燴豆腐淋在白飯上，成為蓋飯，也是很適合喔。

豆腐

## Part 2

# 變變變....一菜多變化

　　將食材製成半成品的優點，除了大大縮短烹煮時間之外，其保存期限也變得較長，而且還能隨時應用變化成不同的料理，讓料理變得輕鬆快速又簡單。

　　建議您不妨利用假日或是下班後，花一次時間多做份量，再分裝成一餐所需的用量，並利用冷凍的方式延長保存期限。平時只要上班出門前，將半成品的食材從冰箱冷凍庫移至冷藏區，等到下班回到家，就可以快速做好晚飯囉。

## 半成品食材的保存方法

### （一）用夾鍊式保鮮袋分裝成一次所需的用量，再冷凍保存

夾鍊式保鮮袋可以讓半成品食材不易走味，並且延長保存的期限，還能清楚分辨內容物，更優的是在保鮮袋的表面有塊反白區，可以清楚標示食材的名稱、製作日期，以避免存放過期喔。

## 保存的小關鍵

（二）盡量抽出袋內的空氣，使袋內可能呈現真空狀態，可以減少食材與空氣的接觸，以保持新鮮。抽出袋內空氣的方法很簡單，只要將保鮮袋的夾鍊拉上，留下一個孔，將空氣擠出，或是用吸管將空氣吸出。

| 份量 | 準備 | 烹煮 |
|------|------|------|
| 4~5道 | 15min | 60min |

（約可變化4~5道牛肉料理）

# 清燉牛肉

燉牛肉需要花較長的時間，
我們可以利用假日一次燉一大鍋，
再將肉湯分開包裝，
以冰凍的方式，延長保存期限，
日後就能隨時取用，並迅速的
將其變化成不同的牛肉料理。

## 材料

| | |
|---|---|
| 牛肋條 | 1000公克 |
| 牛腱 | 1000公克 |
| 牛骨頭 | 500公克 |
| 洋蔥 | 1顆 |
| 老薑 | 1塊 |
| 花椒 | 1/2小匙 |
| 整顆的胡椒粒 | 1又1/2小匙 |
| 米酒 | 2大匙 |
| 清水 | 3500毫升 |

## 做法

❶ 將牛腱、牛肋條、牛骨頭放入滾水中汆燙去穢血，撈出後洗淨，備用

❷ 老薑拍扁，與花椒、胡椒粒放入香料袋；洋蔥去外皮洗淨切對半，備用

❸ 取一大湯鍋，加入清水煮滾後，放入牛腱、牛肋條、牛骨頭、香料袋、洋蔥、米酒，大火煮滾後轉小火，並把湯面上的浮末撈除，再蓋上鍋蓋燜煮約50～60分鐘

❹ 將煮好的牛腱、牛肋條從鍋裡取出，等完全冷卻後才切適當塊狀，並將牛肉湯過濾，即完成清燉牛肉

❺ 燉好的牛肉可以直接食用。或是取適量的牛肉與牛肉湯，與切塊的白蘿蔔一同放入鍋中，煮至白蘿蔔熟軟，起鍋前加鹽調味，再撒上香菜碎，即可

### 保存方法
**將牛肉與湯汁分開保存**

牛肉：將冷卻的牛肉依想要料理的方式切成適當塊狀，分成一次使用的量，以保鮮袋裝好，放入冰箱冷藏約可保存3天，冷凍庫冰凍保存則為1個月。

湯汁：將冷卻的牛肉湯過濾雜質後，分成一次使用的量，以保鮮袋裝好，放入冰箱冷藏約可保存3天，冷凍庫冰凍保存則為1個月。

### 小米桶的貼心建議

● 同時用牛腱、牛肋條來燉煮，可以一次吃到兩種不同口感的肉。

● 牛肉大塊的煮熟，並等冷卻後才分切小塊，較能保持牛肉的嫩度。

● 牛肉煮好要馬上取出，不要一直泡在湯裡，以避免牛肉過熟，導致口感不好。

● 燉煮的同時也可以加入白蘿蔔與紅蘿蔔，讓湯頭更加清甜。

  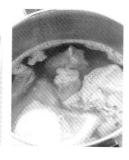 

### ─── 小米桶的貼心建議 ───

- 也可以增加西芹與紅蘿蔔、蘑菇。
- 番茄可以與牛肉同時放入鍋中燉煮，雖容易煮溶，
  但牛肉與湯汁會更加香濃。
- 燉好的番茄牛肉放置隔夜會更加入味好吃。

| 份量 | 醃漬 | 烹煮 |
|---|---|---|
| 4人 | 8 min | 30 min |

# 番茄燉牛肉

燉好的番茄牛肉，除了搭配米飯之外，我最愛的就是用法棍麵包蘸著吃。麵包吸滿香濃的醬汁，哇超讚的啦。

## 材料

| | |
|---|---|
| 煮熟的牛肋條或牛腱 | 400公克 |
| 牛肉湯 | 500毫升 |
| 番茄 | 2顆 |
| 洋蔥 | 1/2個 |
| 月桂葉 | 1片 |
| 蒜頭(切片) | 1瓣 |
| 奶油 | 1大匙+1小匙 |
| 麵粉 | 2大匙 |

## 調味料

| | |
|---|---|
| 番茄糊 | 2大匙 |
| 糖 | 適量 |
| 鹽 | 適量 |
| 粗粒黑胡椒粉 | 適量 |

## 做法

❶ 洋蔥去外皮洗淨，切成塊狀；番茄劃十字，放入滾水中燙至皮翻起，再撈起沖冷水，去皮切大塊，備用

❷ 熱油鍋，將1小匙的奶油加熱融化後，加入洋蔥、番茄塊拌炒至香，盛起並將洋蔥、番茄分開，備用

❸ 續以原鍋，加入1大匙的奶油，爆香蒜片，加入麵粉炒勻，再倒入牛肉湯拌勻後，加入牛肋條、月桂葉、番茄糊、❷的炒洋蔥，煮滾後轉小火煮約20分鐘

❹ 再加入番茄，續煮約10分鐘，最後再加入糖、鹽、粗粒黑胡椒粉調味，即完成

| 份量 | 醃漬 | 烹煮 |
|---|---|---|
| 4人 | 10 min | — min |

# 辣拌牛腱

將熟牛腱與醬料混合均勻，簡單又快速的就能完成一道菜。香香辣辣的，很適合當下酒菜喔。

## 材料

| | |
|---|---|
| 熟牛腱 | 1個 |
| 蔥 | 1支 |
| 香菜 | 1根 |

## 調味料

| | |
|---|---|
| 蒜末 | 1小匙 |
| 醬油膏 | 1大匙 |
| 糖 | 1/2小匙 |
| 香醋 | 2小匙 |
| 紅油(辣椒油)或油辣子 | 1大匙 |

## 做法

❶ 將熟牛腱切薄片；香菜、蔥洗淨切成碎末，備用

❷ 將熟牛肉薄片與調味料混合拌勻後，再加入香菜末、蔥花拌勻，即完成

### —— 小米桶的貼心建議 ——

● 也可以加入小黃瓜、洋蔥、西芹。

● 紅油(辣椒油)可以替換成油辣子，若不嗜辣的則可改用1小匙的香油。

# 紅燒牛肉麵

| 份量 | 準備 | 烹煮 |
|---|---|---|
| 4人 | 5min | 25min |

將清燉牛肉湯再加入炒香的辛香料、辣豆瓣醬和醬油熬成湯底。煮碗麵、燙點青菜，
就完成一碗肉多、湯好、料實在的紅燒牛肉麵。

**材料**

**材料A**

熟的牛肋條與熟牛腱

　　‥‥‥‥‥‥‥400公克

蔥‥‥‥‥‥‥‥‥‥‥3支

薑片‥‥‥‥‥‥‥‥‥2片

蒜頭‥‥‥‥‥‥‥‥‥2瓣

紅辣椒‥‥‥‥‥‥‥‥1根

牛肉湯‥‥‥‥‥‥2000毫升

**材料B**

細拉麵（陽春麵）‥‥‥4人份

燙青菜‥‥‥‥‥‥‥‥適量

蔥花‥‥‥‥‥‥‥‥‥適量

香菜末‥‥‥‥‥‥‥‥適量

白醋‥‥‥‥‥‥‥‥‥少許

**調味料**

辣豆瓣醬‥‥‥‥‥‥2大匙

沙茶醬‥‥‥‥‥‥1/2大匙

醬油‥‥‥‥‥‥‥‥60毫升

米酒‥‥‥‥‥‥‥‥‥1大匙

冰糖‥‥‥‥‥‥‥‥1/2大匙

八角‥‥‥‥‥‥‥‥‥1粒

**做法**

❶ 將蔥洗淨對半切成2段；紅辣椒去籽洗淨；蒜頭剝去外皮洗淨，備用

❷ 熱油鍋，先將蔥、薑、蒜、辣椒爆香，再放入辣豆瓣醬、沙茶醬炒香，再加入牛肉湯、牛肉、醬油、米酒、冰糖、八角，大火煮滾轉小火，蓋上鍋蓋煮約20分鐘後，撈除蔥、薑、蒜、辣椒，即成為紅燒牛肉湯

❸ 將麵條放入滾水中煮熟後，盛於湯碗中，擺入燙青菜與牛肉，再撒上蔥花、香菜末，最後淋入牛肉湯，即完成。食用時，再滴入少許白醋提味，即可

 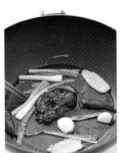 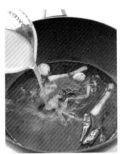

**—— 小米桶的貼心建議 ——**

● 增加去皮切塊的番茄，與1大匙的番茄糊，即成為番茄牛肉麵。

● 炒香的蔥、薑、蒜、辣椒可以用一個棉布（或是茶包袋）裝好綁緊，成為香料包，煮好的牛肉湯只需將香料包整個拿起即可。

● 牛肉湯煮好之後，再依實際情況決定是否加鹽調整鹹度。

● 將麵條替換成水餃，即成為牛肉湯餃。

| 份量 | 準備 | 烹煮 |
|------|------|------|
| 4人 | 8min | 25min |

# 咖哩燉牛肉

味濃又多汁的咖哩燉牛肉最適合伴飯了，濃郁的咖哩醬以及煮到熟爛的牛肉，一口吃下去，咖哩的香氣在嘴裡濃到化不開。

## 材料

煮熟的牛肋條或牛腱
······ 400公克
牛肉湯 ········ 600毫升
洋蔥 ······ 中小型的1個
馬鈴薯 ····· 中小型的1個
紅蘿蔔 ········· 1/2根

## 調味料

咖哩粉 ········· 1小匙
咖哩塊 ········· 2塊

## 做法

❶ 將洋蔥去外皮後切方塊；紅蘿蔔、馬鈴薯洗淨去皮切塊，備用

❷ 熱油鍋，放入洋蔥炒出香味後，加入咖哩粉拌炒均勻，再放入馬鈴薯、紅蘿蔔翻炒，再放入牛肉與牛肉湯，煮滾後轉小火煮約20分鐘，再加入咖哩塊煮至溶化，即完成

### ── 小米桶的貼心建議 ──

● 可以在起鍋前加入適量的椰奶增加風味喔。

● 洋蔥炒出香味後，加入1小匙的咖哩粉同炒，可以讓咖哩更具有風味。

● 將燉好的咖哩牛肉放置隔夜，會更加入味，香濃好吃喔。

# 清燉排骨 (肋排)

約可變化3道排骨料理

| 份量 | 準備 | 烹煮 |
|------|------|------|
| 3道 | 10min | 30min |

將排骨事先燉到熟軟，之後只要加入各種配料與醬汁，就可以迅速完成好吃的排骨料理。
而燉排骨的湯汁還能變成高湯，或是再加配料煮湯或煮粥喔。

## 材料

| | |
|---|---|
| 豬肋排 | 2.5公斤 |
| 洋蔥 | 1/2個 |
| 蔥白 | 2～3支 |
| 薑 | 3片 |
| 月桂葉 | 2片 |
| 整顆的黑胡椒粒 | 1小匙 |
| 米酒 | 1大匙 |
| 清水 | 可稍微醃蓋過肋排的水量 |

## 做法

❶ 肋排先放入滾水中氽燙約5分鐘後，撈起洗淨，備用

❷ 取一湯鍋，放入肋排，以及所有材料，倒入可以稍微醃蓋過肋排的水，大火煮滾後轉小火煮約30分鐘，至筷子能插入的狀態，即完成

### 清燉排骨的保存方法
將冷卻的排骨與湯汁分開保存。

**湯汁**：可以再加配料煮成湯、粥，或是用製冰盒凍成高湯塊，日後隨時取用。

**排骨**：分成一次使用的量，以保鮮袋裝好，放入冰箱冷藏約可保存3天，冷凍庫冰凍保存則為1個月。

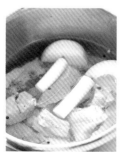

### 小米桶的貼心建議

燉排骨時可依照之後要料理的方式，來決定是用整排的肋排，還是分切成一根根的排骨。

# 香烤豬肋排

| 份量 | 準備 | 烹煮 |
|---|---|---|
| 3~4人 | 25min | 20min |

烤肋排是老公最愛的西式料理之一，其實做法蠻簡單的，
只要煮好烤肉醬，在家也能輕鬆烤出美味的肋排喔。

**材料**

熟豬肋排‧‧‧‧‧‧‧‧1000公克
無鹽奶油‧‧‧‧‧‧‧‧‧1大匙

**烤肉醬材料**

洋蔥（切碎）‧‧中小型的1/2個
蒜頭（切碎）‧‧‧‧‧‧‧2瓣
蘋果泥‧‧‧‧‧‧‧‧‧2/3杯
牛排醬‧‧‧‧‧‧‧‧‧2/3杯
蕃茄醬‧‧‧‧‧‧‧‧‧1/2杯
醬油‧‧‧‧‧‧‧‧1又1/2大匙
蜂蜜‧‧‧‧‧‧‧‧‧‧2大匙
糖‧‧‧‧‧‧‧‧‧‧‧3大匙
黑胡椒粉‧‧‧‧‧‧‧‧1/2小匙
Tabasco Sauce‧‧‧‧‧‧2小匙

**做法**

❶ 取一鍋，將奶油小火加熱後，放入蒜頭爆香，再放入洋蔥碎炒至香味溢出後，加入其餘的烤肉醬材料，煮滾後轉小火煮約10～15分鐘，即為烤肉醬，待涼備用

❷ 將熟肋排均勻抹上烤肉醬後，放入冰箱冷藏，醃約1天，使其入味

❸ 等肋排醃入味後，將肋排的反面朝上，放入烤盤，用湯匙塗抹適量的烤肉醬在肋排上，送入已經預熱的烤箱，以攝氏200度烤約10分鐘後，打開烤箱，將肋排翻回正面，並抹上烤肉醬，再放回烤箱續烤約10分鐘，即完成

# 蜜汁小排

| 份量 | 準備 | 烹煮 |
|---|---|---|
| 4人 | 3min | 8min |

以香醋為基調的蜜汁小排，甜蜜中帶點微酸滋味，
是一道大人小孩都會喜歡的排骨料理。

**材料**

熟排骨‧‧‧‧‧‧‧‧600公克
蒜頭‧‧‧‧‧‧‧‧‧‧1瓣
炒香的白芝麻‧‧‧‧‧‧‧適量

**調味料**

醬油‧‧‧‧‧‧‧‧‧‧2大匙
糖‧‧‧‧‧‧‧‧‧‧‧4大匙
香醋‧‧‧‧‧‧‧‧‧‧4大匙
香油‧‧‧‧‧‧‧‧‧‧1小匙
太白粉‧‧‧‧‧‧‧‧‧1小匙
清水（或燉排骨的高湯）
‧‧‧‧‧‧‧‧‧‧‧‧3大匙

**做法**

❶ 將蒜頭洗淨拍扁；調味料預先混合均勻，備用

❷ 熱油鍋，放入蒜頭與排骨稍微煎至表面上色後，倒入調味料煮至湯汁略收，起鍋前撒上白芝麻，即完成

┌── 小米桶的貼心建議 ──┐

- 肋排底下可以墊紅蘿蔔、馬鈴
  薯塊,一起烤熟,成為邊菜。
  但因為烤的時間不長,所以紅
  蘿蔔、馬鈴薯塊可以先稍為燙
  過,並拌入少許的油、鹽、胡
  椒粉。
- 不同品牌的牛排醬與蘋果泥,
  其酸度不一,所以糖的用量,
  可以依實際情況調整。

┌── 小米桶的貼心建議 ──┐

- 排骨下鍋後只要稍微煎一下即
  可,以免將肉質煎老了。
- 香醋在烹煮的過程中,酸度會降
  低,所以可以分兩次放入,第一
  次與其他調味料一起下鍋,第二
  次就在熄火前拌入即可。

份量 4 人　｜　5 min　｜　烹煮 8 min

# 照燒醬排骨

用日式的照燒醬汁來燒排骨，鹹、甜、香的滋味，非常好吃，尤其是炒到軟爛的洋蔥，更是吸收了所有的精華。

**材料**

| 熟排骨 | 600公克 |
| 洋蔥 | 中小型的1個 |
| 蒜頭 | 1瓣 |
| 炒香的白芝麻 | 少許 |

**調味料**

| 醬油 | 4大匙 |
| 米酒 | 2大匙 |
| 味醂 | 2大匙 |
| 糖 | 1大匙 |
| 清水（或燉排骨的高湯） | 5大匙 |

**做法**

❶ 將洋蔥去外皮，洗淨後切絲；蒜頭洗淨拍扁；調味料預先混合均勻，備用

❷ 熱油鍋，放入排骨稍微煎至表面上色，再放入蒜頭與洋蔥絲，炒至散發出香味，加入調味料煮至湯汁略收，起鍋前撒上白芝麻，即完成

─ **小米桶的貼心建議** ─

排骨下鍋後只要稍微煎一下即可，以免將肉質煎老了。

| 份量 | 準備 | 烹煮 |
|---|---|---|
| 4~6人 | 5 min | 18 min |

# 蛤蜊冬瓜湯

用排骨湯來煮冬瓜蛤蜊，綜合了高湯的肉香，蛤蜊的鮮，還有冬瓜的清爽喔。

**材料**

| | |
|---|---|
| 清燉排骨的湯 | 800毫升 |
| 蛤蜊 | 600公克 |
| 冬瓜 | 1節（約500公克） |
| 薑 | 3片 |

**調味料**

| | |
|---|---|
| 鹽 | 少許 |
| 米酒 | 1大匙 |

**做法**

❶ 蛤蜊泡鹽水吐沙後，將外殼刷洗乾淨；冬瓜洗淨，去皮切成塊狀；薑切絲，備用

❷ 取一鍋，倒入排骨湯煮滾，放入冬瓜，以小火煮約15分鐘至熟軟，加入蛤蜊、薑絲、米酒續煮至滾後，再加入鹽調味，即完成

—— 小米桶的貼心建議 ——

● 冬瓜與蛤蜊都會煮出湯水，所以排骨湯的用量不需過多。

● 也可以增加點豬肉片，與冬瓜一起煮至熟軟。

| 份量 | 烹煮 |
|---|---|
| 60顆 | 15min |

# 炸肉丸子

我只以簡單的蒜末、洋蔥、鹽與白胡椒粉來調味，避免使用具有明確中西之分的調味料，
比如：醬油、五香粉、香油、迷迭香、百里香之類，這樣肉丸子就能隨心所欲的以中式或西式方法，
應用變化成不同的肉丸料理。

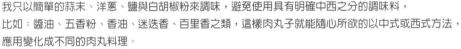

材料

豬絞肉 ‥‥‥‥‥‥ 400公克
牛絞肉 ‥‥‥‥‥‥ 400公克
洋蔥 ‥‥‥‥‥‥ 中型的1顆
蒜末 ‥‥‥‥‥‥‥‥ 2大匙
雞蛋 ‥‥‥‥‥‥‥‥ 1個
麵包粉 ‥‥‥‥‥‥‥ 7大匙
牛奶 ‥‥‥‥‥‥‥ 300毫升

調味料

鹽 ‥‥‥‥‥‥‥‥‥ 適量
白胡椒粉 ‥‥‥‥‥‥ 適量

做法

❶ 將洋蔥切碎後，用份量外的1大匙油炒至透明，
且散發出香味後，盛起備用

❷ 麵包粉加入牛奶，靜置約10分鐘，使其發脹，備
用

❸ 將豬絞肉、牛絞肉放入大盆中，加入炒香的洋
蔥、蒜末、雞蛋、❷加了牛奶的麵包粉、鹽、白
胡椒粉，以同一方向攪拌約5分鐘，讓肉產生黏
性，再放入冰箱冷藏1小時，備用

❹ 將肉餡從冰箱取出，整成直徑約為3公分的小肉
丸，放入熱油鍋中炸熟，即完成

─── 小米桶的貼心建議 ───

● 麵包粉可以用撕碎的吐司(去硬邊約2～3片)替代，牛奶
則可以替換成高湯。

● 肉丸也可以放入烤箱，以攝氏200度烤約10～15分鐘。
或是用煎的方式煎熟。

● 豬絞肉不要使用太瘦的，要帶有肥肉，這樣與牛肉混合
後，口感會比較鮮嫩不乾澀。

● 肉丸中的豬肉可以增加滑嫩口感，而牛肉可以提香。若
不吃牛肉，則單用豬肉也行。

### 炸肉丸的保存方法
將冷卻的炸肉丸，分成一次
食用的量，以保鮮袋裝好，
放入冰箱冷藏約可保存1星
期，冷凍庫冰凍保存則為
1個月。

| 份量 | 準備 | 烹煮 |
|---|---|---|
| 4人 | 5 min | 18 min |

# 白菜燉肉丸

將白菜與肉丸子燉煮到入味，
白菜吸收了湯汁的精華，
光是白菜就非常好吃喔。

材料

| | |
|---|---|
| 炸肉丸子 | 20顆 |
| 大白菜 | 1/4顆 |
| 蒜頭 | 2瓣 |
| 青蔥 | 2支 |
| 高湯 | 600毫升 |

調味料

| | |
|---|---|
| 醬油（或蠔油） | 1/2大匙 |
| 鹽 | 適量 |
| 白胡椒粉 | 適量 |

做法

❶ 將大白菜剝下葉片洗淨切大片；蒜頭洗淨後拍扁；青蔥洗淨切段，備用

❷ 熱油鍋，將蒜頭、蔥段爆香，先放入白菜梗部份拌炒，再放入尾部菜葉續炒，再加入肉丸、高湯、所有調味料一起煮滾，最後蓋上鍋蓋以小火燜煮約10～15分鐘至入味，即完成

── 小米桶的貼心建議 ──

也可以增加黑木耳、紅蘿蔔、乾香菇、蝦米...等配料喔。

| 份量 | 準備 | 烹煮 |
|---|---|---|
| 4人 | 8min | 18min |

# 咖哩肉丸

用咖哩塊就能迅速煮出一鍋香濃好
吃的肉丸咖哩，不管是配飯，還是
拌麵都很適合喔。

材料

炸肉丸子　‧‧‧‧‧‧‧‧‧‧‧　20顆
馬鈴薯　‧‧‧‧‧‧‧　中小型的2個
洋蔥　‧‧‧‧‧‧‧‧‧　中小型的1個
紅蘿蔔　‧‧‧‧‧‧‧‧‧‧‧　1/2根
咖哩塊　‧‧‧‧‧‧‧‧‧‧‧‧　2塊
清水　‧‧‧‧‧‧‧‧‧‧‧　600毫升
　（可依情況調整）

做法

❶ 將洋蔥去外皮後切方塊；紅
　蘿蔔、馬鈴薯洗淨去皮切
　塊，備用

❷ 熱油鍋，放入洋蔥炒出香
　味，再放入馬鈴薯、紅蘿蔔
　翻炒，再放入炸肉丸子與清
　水，煮滾後轉小火煮至馬鈴
　薯、紅蘿蔔熟軟，再加入咖
　哩塊煮至溶化，即完成

── 小米桶的貼心建議 ──

● 可以在起鍋前加入適量的椰奶增
　加風味喔。

● 洋蔥炒出香味後，加入1小匙的
　咖哩粉同炒，可以讓咖哩更具
　風味。

# 茄汁肉丸

茄汁肉丸可說是千變女郎，能做成肉丸義大利麵，也能加起司焗烤，
還能做成肉丸子三明治與肉丸子pizza喔。

**材料**

| | |
|---|---|
| 炸肉丸子 | 25～30顆 |
| 洋蔥 | 中小型的1/2顆 |
| 蒜頭 | 1瓣 |
| 番茄罐頭 | 1罐 |
| 高湯 | 150毫升 |
| 起司粉 | 適量 |

**調味料**

| | |
|---|---|
| 鹽 | 適量 |
| 粗粒黑胡椒粉 | 適量 |

**做法**

❶ 將洋蔥去外皮洗淨，切碎；蒜頭切碎末，備用

❷ 熱油鍋，放入蒜末、洋蔥碎炒出香味，加入肉丸、罐頭番茄與高湯，煮滾後轉小火燜煮約10～15分鐘，起鍋前加入鹽與粗粒黑胡椒粉調味，再盛於盤中，撒上起司粉，即完成

**── 小米桶的貼心建議 ──**

● 番茄罐頭可以用新鮮的番茄加上番茄糊來替代。

● 茄汁肉丸可以用來拌義大利麵，或是與馬鈴薯泥一起盛入烤皿，撒上起司絲，放入烤箱焗烤。

| 份量 | | 烹煮 |
|------|---|------|
| 2~3人 | 5 min | 15 min |

# 瑞典肉丸

將肉丸子淋上棕色奶油醬，
搭配水煮的馬鈴薯與紅莓醬，
就是深受大家喜愛的瑞典丸子喔。

**材料**

炸肉丸子⋯⋯⋯⋯⋯⋯⋯20顆
馬鈴薯⋯⋯中小型的2～3個
紅莓醬⋯⋯⋯⋯⋯⋯⋯適量

**醬汁材料**

鮮奶油⋯⋯⋯⋯⋯⋯100毫升
牛高湯⋯⋯⋯⋯⋯⋯200毫升
麵粉⋯⋯⋯⋯⋯⋯⋯⋯1大匙
烏斯特郡醬油（worcestershire
　sauce）⋯⋯⋯⋯⋯⋯1大匙
鹽⋯⋯⋯⋯⋯⋯⋯⋯⋯適量
粗粒黑胡椒粉⋯⋯⋯⋯⋯適量

**做法**

❶ 將馬鈴薯洗淨去皮後，用水
　煮的方式煮熟，撈起備用

❷ 將醬汁材料中的鮮奶油與牛
　高湯放入鍋中，加入麵粉拌
　勻，煮至濃稠後，再加入
　鹽、胡椒粉、烏斯特郡醬油
　調味，即成為醬汁，備用

❸ 將炸肉丸子用微波爐加熱
　後，排於盤中，擺上水煮的
　馬鈴薯與適量的紅莓醬，最
　後將醬汁淋在肉丸子上，即
　完成

## 小米桶的貼心建議

- 肉丸子若是從冰箱取出的才需要再加熱，現做
　的就直接淋醬食用。
- 若是現做的肉丸子，可以採用煎的方式煎熟，
　再利用原來的煎鍋，放入1大匙的麵粉，炒出
　香味，再加入300m牛高湯、60毫升鮮奶油，
　煮至濃稠，最後再加鹽、黑胡椒粉調味，成為
　醬汁。
- 牛高湯可以用1/2塊的牛
　高湯塊，加水調勻替代。
- 烏斯特郡醬油是帶點酸甜
　辣的英式醬油，若買不
　到，則用一般醬油替代。

| 份量 | | 烹煮 |
|---|---|---|
| 4~6道 | | 60min |

成品約800公克
可變化4~6道料理

# 咖哩肉醬

香濃好吃的咖哩肉醬能刺激味蕾、增加食慾，可以和海鮮、豆腐、蔬菜一起烹煮，也很適合做為焗烤醬，或是直接拌飯、拌麵都是不錯的選擇喔。

## 材料

| | |
|---|---|
| 豬絞肉 | 600公克 |
| 蒜頭 | 2瓣 |
| 洋蔥 | 1個 |
| 清水 | 600～700毫升 |
| 咖哩粉 | 1大匙 |
| 咖哩塊 | 4塊 |

## 做法

❶ 將洋蔥去外皮洗淨，切碎；蒜頭切碎末，備用

❷ 熱油鍋，將蒜末、洋蔥碎爆香，加入咖哩粉炒出香味，再加入絞肉炒至變色後，之後加入清水，大火煮滾，轉小火燜煮約40～50分鐘，最後再加入咖哩塊，煮至濃稠收汁，即完成

── 小米桶的貼心建議 ──

放置隔夜的咖哩肉醬，會比剛製作完成的更加香濃好吃。

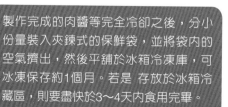

製作完成的肉醬等完全冷卻之後，分小份量裝入夾鍊式的保鮮袋，並將袋內的空氣擠出，然後平舖於冰箱冷凍庫，可冰凍保存約1個月。若是存放於冰箱冷藏區，則要盡快於3～4天內食用完畢。

| 份量 | 準備 | 烹煮 |
|---|---|---|
| 4人 | 15min | 8min |

# 香煎豆腐佐椰汁咖哩肉醬

將豆腐煎至表面酥香，而內部依舊保持著軟嫩口感，
再淋上香濃的椰汁咖哩肉醬，別有一番風味。

**材料**

| 板豆腐 | 1塊 |
|---|---|
| 花椰菜 | 1/2顆 |
| 咖哩肉醬 | 1/2杯 |
| 椰奶 | 3大匙 |

**調味料**

| 鹽 | 適量 |
|---|---|
| 粗粒黑胡椒粉 | 適量 |

**做法**

❶ 將咖哩肉醬加入椰奶拌勻，並以小火加熱至滾，即可熄火備用；花椰菜切小朵洗淨，再放入滾水中汆燙至7分熟後，撈起泡入冷水，備用

❷ 將豆腐切成1公分的片狀，並放在廚房紙巾上面吸去多餘水份後，放入熱油鍋中煎至兩面金黃，即可盛盤，備用

❸ 再將瀝乾水份的花椰菜，放入先前煎豆腐的鍋中翻炒至熟軟，撒上少許的鹽與黑胡椒粉調味，再盛起擺放在豆腐旁邊，最後將①的椰汁咖哩肉醬淋在豆腐上，即完成

**── 小米桶的貼心建議 ──**

● 椰奶也可以用牛奶替代。
● 可以將煎好的豆腐與花椰菜放入烤皿，淋上椰汁咖哩肉醬，再撒上起司絲後，放入烤箱焗烤。

| 份量 | 準備 | 烹煮 |
|---|---|---|
| 2 人 | 15 min | 10 min |

# 焗烤咖哩蝦

只要簡單的利用咖哩肉醬與起司絲來焗烤鮮蝦，就是一道人人都喜愛的烤蝦料理喔。

材料
大蝦 ……… 比手掌還長的 4 尾
咖哩肉醬 ……… 2～3 大匙
起司絲 ……… 適量

做法

❶ 將大蝦去除鬍腳與頭部尖刺，將背部切開，去除腸泥並洗淨後，用廚房紙巾擦乾水分，再切斷腹部的筋，備用

❷ 將大蝦的背部撐開，填入咖哩肉醬，撒上起司絲，放入已經預熱的烤箱，以攝氏 180 度烤約 10 分鐘，即完成

── 小米桶的貼心建議 ──

● 將鮮蝦腹部的筋切斷，烤熟的蝦就會保持挺直不彎曲。

● 也可以將炸過的螃蟹放入烤皿，均勻鋪上咖哩肉醬，淋入椰奶，撒上起司絲，放入烤箱焗烤，即成為焗椰汁咖哩螃蟹。

| 份量 | 準備 | 烹煮 |
|---|---|---|
| 4人 | 10 min | 25 min |

# 咖哩肉醬焗蔬菜

這道焗蔬菜是跟松露玫瑰姐姐請教來的喔！
用烤的蔬菜更加清甜，
再加入香濃的咖哩肉醬與起司絲，
相信不愛吃蔬菜的小朋友，也會喜歡吃喔。

### 材料

洋蔥 ……… 中小型的1個
紅甜椒 ……………… 1個
黃甜椒 ……………… 1個
節瓜 ………………… 1條
粗粒黑胡椒粉 ……… 少許
咖哩肉醬 …………… 1杯
起司絲 ……………… 適量

### 做法

❶ 將洋蔥去外皮洗淨切粗條；
紅甜椒、黃甜椒去籽洗淨切
粗條；節瓜洗淨切成1公方片
狀，備用

❷ 熱油鍋，放入節瓜翻炒約1分
鐘後，放入洋蔥炒出香味，
再將紅、黃甜椒放入拌炒，
再撒入少許的粗粒黑胡椒粉
混合均勻後，盛起備用

❸ 將1/2量的❷炒蔬菜放入烤
皿，再撒上起司絲，再放入
剩餘的炒蔬菜，並淋入已加
熱的咖哩肉醬，於頂面再撒
上厚厚一層的起司絲，放入
已經預熱的烤箱，以攝氏
180度烤約15～20分鐘，至
表面起司金黃微焦，即完成

── 小米桶的貼心建議 ──

● 蔬菜要先從較不易熟的先炒，且不需完全炒熟，約6～7分的熟度即可。
● 也可以增加燙過的花椰菜、四季豆、甜豆，或是蒸熟的馬鈴薯、地瓜、
南瓜。

# 韓國白菜泡菜

在韓國待了幾年，讓我不知不覺習慣家中冰箱一定要有自己做的泡菜。偶爾沒味口時，煮點白粥，配上泡菜，吃的有滋有味。想偷懶時，將泡菜與豬肉片，或是鮪魚罐頭，煮成燴飯，快速的解決一餐。尤其是熱騰騰的泡菜豆腐鍋，更是伴我度過下雪的寒冬。

材料
大白菜‧‧ 1顆（約2公斤）
白蘿蔔 ‧‧‧‧‧‧ 500公克
梨子 ‧‧‧‧‧‧‧‧‧ 1/2個
（越熟成的越好）
韭菜 ‧‧‧‧‧‧‧‧‧‧ 5支
蔥 ‧‧‧‧‧‧‧‧‧‧‧‧ 3支
鹽 ‧‧‧‧‧‧‧‧ 140公克
冷開水 ‧‧‧‧‧‧‧‧ 適量

調味料
韓國辣椒粉 ‧‧‧‧ 10大匙
蒜頭 ‧‧‧‧‧‧‧‧‧‧ 3瓣
薑 ‧‧‧‧‧‧‧‧‧‧ 1大匙
醃鹹蝦 ‧‧‧‧‧‧‧ 1大匙
魚露 ‧‧‧‧‧‧‧‧‧ 2大匙
（泰國魚露亦可）
糖 ‧‧‧‧‧‧‧‧‧‧ 1小匙

❷ 再用雙手撕成兩份。這樣 菜葉就不會一片一片的散開，再將兩等份的白菜，以相同的方法，用刀切開後撕開

❸ 將每一片葉子掀開均勻撒上鹽，這樣菜芯就會跟葉子的部位一樣味道均勻。鹽可以事先分好4等份，就能避免鹽撒到最後不夠用

❶ 用刀從白菜的根部到中央切一刀，請勿一刀切開白菜

❹ 將撒好鹽的白菜放入大盆中，用重物壓著，放置約2～3小時，至白菜出水變軟

❺ 白菜醃軟後，用水沖洗乾淨，再用冷開水稍微浸泡到白菜的鹹味變淡

❻ 將白菜撈起輕擠去水份，或是放在網篩上瀝乾水份

❼ 接著準備醃料。梨子去皮切小丁，蒜頭、薑切碎，連同醃鹹蝦一起放入食物調理機內，打成泥狀，備用

❽ 蔥、韭菜洗淨瀝乾水份後，切成2公分段長

❾ 白蘿蔔切成細絲，或用搓絲器搓絲狀

❿ 先將白蘿蔔絲加入辣椒粉混合均勻

⓫ 再加入❼打成泥狀的調味料、魚露、糖，攪拌均勻。此時可嘗試一下味道，如果不夠鹹，可加適量鹽或是魚露調整鹹度

⓬ 再加入蔥及韭菜。這時拌的力道不要太大，輕拌即可，再靜置10分鐘使其入味

⓭ 將⑥的白菜，掀開菜葉一層一層的舖上⑫的醃料。醃料到最後都要均勻的舖上，所以最好一開始先把醃料均分成4等份

⓮ 醃料舖好後，稍微將菜葉整理一下，再將白菜從根部開始捲成球狀

⓯ 再將白菜扎實的塞進容器中，並且從上面用力擠壓，讓空氣跑出來

⓰ 然後 密封蓋好，擺放在室溫下發酵，再放入冰箱慢慢冷藏發酵2～3星期，即可食用（發酵天數要依實際室內溫度決定，室溫攝氏8～12度→約4日；18～20度→ 約2日；27～30度→約1日）

### ── 小米桶的貼心建議 ──

● 泡菜製作前，請確認所有容器為乾淨無油狀態，以避免發酵過程中造成腐壞現象。

● 白蘿蔔切成絲後，請試吃會不會有苦味，有苦味，請加點鹽抓一抓靜置約5分鐘，出水後擠去苦水。

● 醃鹹蝦可在韓國店購買，擺放在冷藏或冷凍區。用不完剩下的，可分小份冷凍保存。

● 若是購買不到醃鹹蝦，則可省略，改成增加魚露的用量。

● 最好是用陶甕或玻璃瓶，如果沒有這些容器，不妨可以使用保鮮盒，以防止發酵過程中汁液流出。

● 泡菜放久口感就會變得越來越酸，非常適合用來煮泡菜鍋、煎餅、或炒肉、炒飯。

# 辣泡菜炒飯

份量 3人　　烹煮 12min

在韓國與老爺到小飯店最常吃的餐點之一就是泡菜炒飯，酸香微辣的泡菜混在培根香的米飯裡，半熟的荷包蛋黃，緩緩流出，哇...真是好吃。

## 材料

較酸的白菜泡菜 ‧‧ 120公克
　（擠去汁液）
培根 ‧‧‧‧‧‧‧‧‧‧‧‧‧ 6片
洋蔥 ‧‧‧‧‧ 中小型的1/2個
金針菇 ‧‧‧‧‧‧‧‧‧‧‧‧ 1把
白飯 ‧‧‧‧‧‧‧‧‧‧‧‧‧ 3碗
雞蛋 ‧‧‧‧‧‧‧‧‧‧‧‧‧ 3個

## 調味料

白菜泡菜的汁液 ‧‧ 100毫升
鹽 ‧‧‧‧‧‧‧‧‧‧‧‧‧‧ 適量
粗粒黑胡椒粉 ‧‧‧‧‧‧‧ 適量

## 做法

❶ 將泡菜、洋蔥、培根，切成小丁；金針菇洗淨切小段，備用

❷ 熱油鍋，先將培根煎香，再加入洋蔥丁拌炒至半透明散發出香味，再加入泡菜與金針菇翻炒均勻後，放入白飯與泡菜汁液，將飯炒至鬆散，並加鹽與黑胡椒粉調味

❸ 將炒飯均分盛入3個盤裡，最後 再熱油鍋，煎3個荷包蛋，並放在炒飯上，即完成

### ── 小米桶的貼心建議 ──

● 用奶油來替代炒菜油，滋味會更佳。
● 配料中可以自由變化，比如：火腿、玉米粒、韭菜末。
● 炒飯起鍋前，可以撒入鹽烤海苔碎、切絲的韓國芝麻葉，或是起司，增加風味喔。

# 泡菜炒豬肉

| 份量 | 準備 | 烹煮 |
|---|---|---|
| 4人 | 10 min | 8 min |

每當煩惱不知該做什麼菜，或是想偷點懶時，我就會拿出冰箱裡的私房泡菜，拌炒五花肉。酸辣的泡菜與豬肉的油香，真是絕配呀。

**材料**

| | |
|---|---|
| 較酸的白菜泡菜 | 200公克 |
| 五花肉 | 250公克 |
| 洋蔥 | 中小型的1/2個 |
| 蔥 | 3支 |
| 炒菜油與香油 | 各1/2大匙 |

**調味料**

| | |
|---|---|
| 韓式辣椒醬 | 1大匙 |
| 醬油 | 1小匙 |
| 米酒 | 1大匙 |
| 蒜末 | 1/2小匙 |
| 薑末 | 1/4小匙 |
| 香油 | 1小匙 |

**做法**

❶ 將五花肉切片；泡菜切成容易入口的大小；洋蔥切絲；蔥切2公分段；調味料預先拌好，備用

❷ 鍋內加入炒菜油與香油，油熱，放入五花肉片炒至肉變色，再放入洋蔥翻炒至半透明且散發出香味，再放入泡菜與調味料翻炒均勻，起鍋前加入蔥段拌勻，即完成

### ── 小米桶的貼心建議 ──

- 五花肉可替換成帶有肥肉的梅花肉片（要帶肥肉才夠香）。
- 家中若無韓式辣椒醬則可省略，但醬油的份量要增加，且還要再加入適量的糖。
- 也可以增加青椒，或是各式菇類，比如：鴻喜菇、杏鮑菇。
- 可用生菜包裹著豆腐片、泡菜五花肉、蒜頭，一起食用風味更佳。

| 份量 | 準備 | 烹煮 |
|---|---|---|
| 4人 | 10 min | 20 min |

# 辣煮泡菜鯖魚

用酸味的泡菜來煮魚，除了可以去除腥味，還能提出鮮味。泡菜吸收了魚肉的精華，一口泡菜，配上一口米飯，酸辣下飯喔。

### 材料

去骨鯖魚肉 ‥‥ 2片（或1整尾）
較酸的泡菜 ‥‥‥‥ 150公克
洋蔥 ‥‥‥ 中小型的1/2個
青辣椒 ‥‥‥‥‥‥ 1根
紅辣椒 ‥‥‥‥‥‥ 1根
蔥白 ‥‥‥‥‥‥‥ 適量
昆布高湯 ‥‥‥‥ 200毫升

### 調味料

韓式辣椒醬 ‥‥‥‥ 1大匙
醬油 ‥‥‥‥‥ 1又1/2大匙
米酒 ‥‥‥‥‥‥‥ 1大匙
蒜末 ‥‥‥‥‥‥‥ 1大匙
薑末 ‥‥‥‥‥‥‥ 1小匙
韓式辣椒粉 1/2大匙（可省略）
炒香的白芝麻（壓碎）‥ 1小匙

### 做法

❶ 將鯖魚切大片；泡菜切3公分段長；洋蔥去外皮洗淨切塊；蔥白、紅綠辣椒斜切成片；調味醬料預先調配好，備用

❷ 取一湯鍋，先將泡菜與洋蔥放入鍋裡墊底，再放入鯖魚、蔥白、紅綠辣椒後，加入調味料，以及昆布高湯，蓋上烘焙紙或錫箔紙做成的蓋子，大火煮滾後轉小火煮約20分鐘，即完成

—— 小米桶的貼心建議 ——

● 建議使用酸味較重的白菜泡菜，可以提鮮，去除魚腥味。
● 鯖魚可以替換成秋刀魚、白帶魚。
● 也可以加入豆腐一起燉煮。

# Part 3
# 一道料理就能吃飽又吃巧
# 簡餐12道

　　忙碌的上班族，或是家庭主婦們，要是餐餐都得煮出好幾道菜，外加一鍋湯，相信時間久了，對於做飯也會感到疲憊與煩惱，這時我們可以偷個小懶，只做一道料理，就能兼具營養與美味，還能把肚子填飽，讓下廚做飯變得更加輕鬆愉快。

　　建議不妨利用空閒時，將一些需要多花時間的食材，預先處理好，比如：

★先將南瓜蒸熟，或前一餐將米飯多煮一點，就能省去等待煮飯的時間，快速完成味噌南瓜燉飯。

★或是飯煮好後，取一部份先整成米餅，
下一餐只要再炒個燒肉，就能製作成燒肉米漢堡。

除了預先處理食材之外，也可多利用食材取代的特性，比如：
★用土司或是法棍麵包做pizza，就能省去辛苦
揉麵糰，以及花時間等待麵糰發酵，輕鬆簡單就能烤出好吃的
pizza囉。

★用蘿蔔糕取代米飯當主食，加些蔬菜配料，炒出一盤豐富的美味炒蘿蔔糕。或是用土司做成三明治或口袋麵包，輕鬆的解決一餐，又能吃飽、又能省去煮飯兼炒菜的辛苦。

# 鮮蝦小黃瓜飯糰

用小黃瓜片來做飯糰的外衣，並在上頭擺入沙拉，光是外型就讓人感到驚喜，吃進嘴裡更是清脆爽口喔。

## 材料

飯糰材料：

| | |
|---|---|
| 白米 | 1又1/2杯 |
| 昆布 | 5公分 |
| 米醋 | 2大匙 |
| 糖 | 1大匙 |
| 鹽 | 少許 |
| 小黃瓜 | 1～2條 |

蝦沙拉材料

| | |
|---|---|
| 新鮮草蝦 | 12尾 |
| 美奶滋 | 2大匙 |
| 芥末醬 | 1/2小匙 |
| 蜂蜜 | 1/2小匙 |
| 粗粒黑胡椒粉 | 少許 |
| 鹽 | 少許 |

煮蝦調味料

| | |
|---|---|
| 米酒 | 1大匙 |
| 蔥白 | 1小段 |

## 做法

① 將米洗淨後，加入等量的水與用濕布擦拭乾淨的昆布，泡約15分鐘後，按下電飯鍋的開關，煮至飯熟，再續燜15分鐘

② 打開飯鍋蓋，將昆布拿掉，並將米飯盛入大盆中，趁熱加入糖醋汁(米醋與糖、鹽預先拌勻)，並以飯勺翻鬆米飯，等米飯變涼後，即成為壽司飯，備用

③ 利用煮飯的時間，同步製作蝦沙拉。將草蝦頭剝除並去腸泥洗淨；煮一鍋水，水滾後放入蔥白、草蝦、米酒，煮至蝦熟，將蝦撈起泡入冰開水中，備用

④ 將蝦撈起瀝乾水份，剝去蝦殼後切成碎丁狀，再加入美奶滋、芥末醬、蜂蜜、粗粒黑胡椒粉、鹽，混合均勻，即完成蝦沙拉，備用

⑤ 將小黃瓜洗淨，切去頭尾，用刨刀刨出薄薄的長條片狀，備用

⑥ 將②的壽司飯捏成橢圓形的小飯糰，再用小黃片包圍起來，再擺上適量的蝦沙拉，即完成

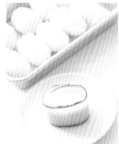

### ── 小米桶的貼心建議 ──

- 飯糰內部可以包入少許的山葵醬。而且飯糰捏出來的高度要比小黃瓜片低，這樣才有空間可以擺入蝦沙拉。
- 蝦沙拉可以變化成其他的口味，或是改用肉鬆、肉醬...等等。

| 份量 | 準備 | 烹煮 |
|---|---|---|
| 2 人 | 15 min | 20 min |

# 鮮魚炊飯

將新鮮的魚煎至表面微焦後，再放入電鍋中與飯同煮而成的炊飯，營養均衡，做法也很簡單喔。

## 材料

| | |
|---|---|
| 米 | 1杯 |
| 白肉身的魚 | 小型的1～2條 |
| 鮮香菇 | 5朵 |
| 紅蘿蔔 | 1/4根 |
| 毛豆仁 | 80公克 |
| 薑 | 2片 |
| 清水 | 1又1/2杯 |

## 調味料

| | |
|---|---|
| 醬油 | 1/2小匙 |
| 米酒 | 1小匙 |
| 鰹魚調味粉 | 2小匙 |

## 做法

❶ 米洗淨，用水浸泡約15分鐘後瀝乾水份，備用；香菇、紅蘿蔔洗淨切小丁；毛豆仁洗淨；薑切碎末，備用

❷ 魚洗淨，淋入適量的米酒，用廚房紙巾擦乾後，再平均撒上少許的鹽，放入熱油鍋中，煎至雙面略微上色

❸ 將①的米、香菇丁、紅蘿蔔丁、薑末、毛豆、水、調味料，放入電鍋中，再放入②的魚，按下電鍋煮飯鍵，煮至按鍵跳起後，將魚取出，刮下魚肉，放回電鍋中混合均勻，即完成

### ── 小米桶的貼心建議 ──

● 魚的種類不限，以當季盛產的為主。
● 魚的大小以家中電鍋直徑為基準，只要整條魚能放入內鍋中即可。
● 煮米的水量，只要比平時所用的份量再加1/2杯。
● 魚肉放回鍋中混合時，可依情況決定是否加鹽調整鹹度。

# 焗培根蛋吐司

| 份量 | 準備 | 烹煮 |
|---|---|---|
| 1份 | 8min | 10min |

培根因為經過醃漬，所以雞蛋自然就有鹹香滋味，而且吐司吸收了培根的油脂，
烤得香酥脆脆，再加上半熟的溏心蛋，非常好吃喔。

### 材料

吐司 ················ 1片
培根 ················ 2片
雞蛋 ·········· 較小的1顆
芥末醬 ············· 少許
　（可用美奶滋替代）
粗粒黑胡椒粉 ········· 少許
巴西利碎末 ·········· 少許

### 做法

① 將培根對半切成兩段，再將每一小段培根橫切成
　兩份(每1片培根可分切成4片)，再將培根放入熱
　鍋中，稍微煎至變色，即可盛起，備用

② 將吐司抹上薄薄的芥末醬，並用培根圍成中間凹
　狀，再將雞蛋打入碗中，並倒入吐司中間的凹處

③ 再放入已預熱的烤箱，以攝氏180度烤約10分
　鐘，取出撒上黑胡椒粉、巴西利碎末，即完成

─── 小米桶的貼心建議 ───

● 先將雞蛋打入碗中，再用湯匙小心的將蛋黃與蛋白盛入
　吐司的中間，會比較好操作。

● 吐司若比較小片，蛋白大約只需1/2的用量。

● 烤盤可多墊2張錫箔紙，再放上吐司；或是在吐司周邊噴
　上少許的水或牛奶，這樣就能防止蛋還沒烤好，吐司卻
　先烤焦了。

● 可依蛋的熟度，調整烘烤的時間。

# 味噌南瓜燉飯

份量 2人　烹煮 20 min

平常我都會一次煮一大鍋的米飯，再分裝小袋冰在冷凍庫裡備用，
隨時可以用來快速變化出不同的米飯料理，成為簡單的一餐。

## 材料

| | |
|---|---|
| 米飯 | 1碗（或1又1/2碗） |
| 南瓜 | 100公克 |
| 培根 | 3片 |
| 洋蔥 | 小型的1/2個 |
| 西芹 | 1根 |
| 奶油 | 1小匙 |
| 牛奶 | 600毫升 |
| （依情況調整用量） | |

## 調味料

| | |
|---|---|
| 味噌 | 1大匙 |
| 起司粉 | 1大匙 |
| 鹽（或雞精粉） | 適量 |
| 現磨黑胡椒粉 | 適量 |

## 做法

1. 將南瓜外皮刷洗乾淨後，切成1公分小丁；培根切小丁；洋蔥去外皮洗淨後，切小丁；西芹洗淨切小丁，備用
2. 取一鍋，放入奶油與培根，以小火煎炒至培根略焦後，放入洋蔥翻炒至半透明，再加入南瓜丁翻炒均勻，再倒入牛奶，煮滾後轉小火煮約8分鐘至南瓜熟軟
3. 再將米飯、味噌放入鍋中拌勻，並續煮約8分鐘至米飯產生糊狀時，加入西芹碎丁、起司粉，拌勻
4. 最後 再加鹽調整鹹度，熄火盛於盤中，撒上黑胡椒粉與起司粉，即完成

### 小米桶的貼心建議

- 煮的過程可依情況再加入份量外的牛奶或是清水，以調整成想要的濃稠度。
- 味噌可以先以少許水調開後，再放入鍋中，會較易拌開。
- 正統的燉飯是以生米下去邊煮邊加高湯，煮成米心還帶點硬度。而我做的是偷吃步版本燉飯。

# 滑蛋鮪魚丼

| 份量 | 準備 | 烹煮 |
|------|------|------|
| 2人 | 10 min | 15 min |

鮪魚罐頭的應用廣泛，家中隨時可以準備1～2罐作為儲糧。
將親子丼裡頭的雞肉替換成罐頭鮪魚，就能變化出另一種風味的丼飯囉。

## 材料

| | |
|---|---|
| 米飯 | 2人份 |
| 鮪魚罐頭 | 1罐 |
| 洋蔥 | 中小型的1/2個 |
| 雞蛋 | 3個 |
| 蔥 | 3支 |
| 清水 | 150毫升 |
| 七味唐辛子 | 適量 |

## 調味料

| | |
|---|---|
| 醬油 | 1大匙 |
| 米酒 | 2大匙 |
| 糖 | 1又1/2大匙 |

## 做法

❶ 將鮪魚罐頭瀝去汁液；洋蔥切絲；蔥切斜片；雞蛋打散成蛋液，備用

❷ 取一鍋，不需加油，放入鮪魚以小火炒出香味後，加入清水、洋蔥絲、調味料，煮至洋蔥變半透明

❸ 再加入蛋液與蔥，蓋上鍋蓋續煮至蛋8分熟，即可熄火，盛入裝有米飯的碗中再撒上七味唐辛子，即完成

### ── 小米桶的貼心建議 ──

● 鮪魚罐頭可以替換成鰻魚燒罐頭。

● 鮪魚罐頭本身已具有鹹度，所以可依情況決定是否再加鹽調味。

# 番茄雞蛋拌麵

份量 2～3人　準備 10 min　烹煮 15 min

沒想到蕃茄炒雞蛋竟還能用來拌麵，甚至於是包成餃子。
微微番茄果酸加上雞蛋的香味，用來拌麵真的很開胃、很好吃，大家一定要試試。

## 材料

| | |
|---|---|
| 番茄 | 2個 |
| 雞蛋 | 3個 |
| 蔥花 | 適量 |
| 太白粉（加少水調開） | 1小匙 |
| 手工拉麵 | 2～3人份 |

## 調味料

| | |
|---|---|
| 番茄醬 | 1小匙 |
| 醬油 | 1小匙 |
| 糖 | 1/2小匙 |
| 水 | 120毫升 |
| 鹽 | 適量 |

## 做法

❶ 將番茄去皮後切小丁；雞蛋加入適量鹽攪拌均勻，備用

❷ 熱油鍋，加入雞蛋液翻炒至6分熟後，盛起備用。以同一鍋，加適量油燒熱，放入番茄丁稍微翻炒後，加入調味料煮至滾

❸ 加入6分熟的雞蛋翻炒均勻，再以太白粉水勾薄欠，撒入蔥花拌勻，即可盛起備用

❹ 燒一鍋水，水滾後放入手工拉麵煮至熟（過程中加3次冷水），撈起瀝乾水份，盛於碗中，再淋入❸的番茄雞蛋，並撒上蔥花，食用時拌勻，即可

### ─── 小米桶的貼心建議 ───

● 在番茄炒雞蛋中加入少許的醬油與番茄醬，是好吃的小撇步喔。
● 除了拌麵，還能替換成米飯，成為番茄雞蛋蓋飯。
● 也可以加入蝦仁增添鮮味。

| 份量 | 準備 | 烹煮 |
|---|---|---|
| 2人 | 15min | 5min |

# 豆乳冷麵

第一次品嚐到豆乳冷麵是在炎熱的韓國夏天。結了薄冰的豆乳加上白色的麵線，頂面還擺了小黃瓜與水煮蛋做裝飾，冰冰涼涼的口感，吃起來清爽透心涼。

## 材料

| | |
|---|---|
| 無糖豆漿 | 600毫升 |
| 黑芝麻 | 1大匙 |
| 白芝麻 | 1大匙 |
| 花生醬 | 1/2大匙 |
| 小黃瓜 | 1/2根 |
| 小番茄 | 1～2個 |
| 水煮蛋 | 1個 |
| 麵線 | 2人份 |

## 調味料

| | |
|---|---|
| 鹽 | 適量 |
| 糖 | 適量 |
| 白醋 | 適量 |

## 做法

1. 將黑白芝麻放入鍋中，以小火乾炒至金黃，再與豆漿、花生醬一起放入調理機中打碎，放入冰箱冷藏至冰涼，或是放入冷凍庫中，冰凍至表面結一層薄冰狀，備用

2. 小黃瓜洗淨切細絲；小番茄洗淨切對半；水煮蛋也對半切成2份，備用

3. 將麵線放入水滾的鍋中煮熟，撈起泡入冷開水中洗去黏液，再撈起瀝乾水份，排入麵碗中，並擺上小黃瓜絲、番茄、水煮蛋，再倒入①的豆漿，食用時，再依個人口味添加鹽、糖、白醋，即可

### 小米桶的貼心建議

- 如果沒有調理機，則可以將炒香的芝麻磨(壓)碎後再與豆漿混合。
- 花生醬可依喜好決定是否添加。
- 豆漿也可以替換成牛奶與燙過的豆腐，所攪打而成的豆腐牛奶。

| 份量 | 準備 | 烹煮 |
|---|---|---|
| 2人 | 10 | 10 min |

# XO醬 炒蘿蔔糕

蘿蔔糕可以煎著吃、或是煮湯來吃，
更可以加入豐富的配料炒著吃。
既是點心，也是正餐。

## 材料

| 蘿蔔糕 | 350公克 |
|---|---|
| 雞蛋 | 1個 |
| 銀芽 | 50公克 |
| 韭黃 | 40公克 |
| 辣椒 | 1根 |
| 青蔥 | 2支 |

## 調味料

| XO醬 | 1大匙 |
|---|---|
| 蠔油 | 1大匙 |
| 高湯 | 2大匙 |
| 白胡椒粉 | 少許 |

## 做法

❶ 將蘿蔔糕切成方塊狀；雞蛋打散成蛋液；韭黃洗淨，切段長；銀芽洗淨，瀝乾；蔥洗淨切段，並將蔥白、蔥綠分開；辣椒洗淨去籽，切成細絲，備用

❷ 熱油鍋，將蘿蔔糕煎至表面金黃微焦，盛起備用；再將雞蛋倒入原鍋中炒至7分熟，盛起備用

❸ 續將原鍋加入少許油燒熱，放入蔥白爆香後，加入銀芽、辣椒絲拌炒數下，再加入蘿蔔糕、蔥綠、以及所有調味料，翻炒均勻，再加入雞蛋與韭黃拌炒，即完成

### ── 小米桶的貼心建議 ──

● 配料也可以增加洋蔥、青椒、紅甜椒。
● 拌炒時，要輕炒、不要太用力，以免把蘿蔔糕給炒碎。

# 燒肉珍珠堡

 份量 2人 | 10 min | 烹煮 15 min

將東方的主食「米飯」巧妙的運用在西方料理的漢堡，
而且內餡的夾料更可以隨心所欲的自由變化。

## 材料

| | |
|---|---|
| 熱米飯 | 1又1/2碗 |
| 薄片五花肉 | 100公克 |
| 洋蔥 | 中小型的1/4個 |
| 生菜 | 適量 |
| 炒香的白芝麻 | 少許 |

## 調味料

| | |
|---|---|
| 醬油 | 2小匙 |
| 米酒 | 2小匙 |
| 糖 | 2小匙 |
| 太白粉 | 1/4小匙 |

## 做法

1. 將薄片五花肉切小段，洋蔥切細絲，再將肉片與洋蔥絲加入調味料拌勻，備用

2. 將熱米飯平均分成四等份，分別用保鮮膜(或保鮮袋)包住，整捏成圓球狀後，再壓整成圓餅狀，備用

3. 鍋中加少許油，以中小火將②的米餅煎成兩面微金黃色，盛起備用

4. 再用同一鍋子，加入適量的油燒熱後，放入①的肉片，翻炒至肉熟，起鍋前撒些白芝麻，盛起備用

5. 最後 以漢堡的方式，將米餅、生菜、照燒肉片，組合起來，即完成

### 小米桶的貼心建議

- 可以將醬油加上味醂拌勻後，刷在米餅表面，入鍋煎至上色，但刷的量不可多，會讓米餅變濕潤而鬆散開來。

- 照燒豬肉可以替換成其他喜愛的食材，比如：豬排、煎魚柳等等。

# 法棍麵包 Pizza

每當有吃不完的吐司或是法棍麵包，我最喜歡的變通方法就是做成麵包Pizza，
既可以幫我消化吃不完的麵包，還能將冰箱裡的食材做個出清大整理。

## 材料

法棍麵包 ‧‧‧‧‧‧‧‧‧‧‧‧ 2段
（每段約15公分）
鮭魚 ‧‧‧‧‧‧‧‧‧‧‧‧ 100公克
洋蔥（切絲）‧‧ 中小型的1/2個
蒜末 ‧‧‧‧‧‧‧‧‧‧‧‧ 1/4小匙
酪梨 ‧‧‧‧‧‧‧‧‧‧‧‧ 1個
起司絲 ‧‧‧‧‧‧‧‧‧‧‧‧ 適量
奶油 ‧‧‧‧‧‧‧‧‧‧‧‧ 1小匙

## 調味料

鮮奶油 ‧‧‧‧‧‧‧‧‧‧‧‧ 80毫升
鹽 ‧‧‧‧‧‧‧‧‧‧‧‧ 適量
粗粒黑胡椒粉 ‧‧‧‧‧‧‧‧ 適量

## 做法

1. 將鮭魚抹上少許的鹽，放入鍋中蒸熟（或是微波爐叮熟），再去皮並稍微剝成散塊狀，備用

2. 將酪梨切開去核，挖出果肉並切小塊；洋蔥去外皮洗淨切絲，備用

3. 熱鍋，放入奶油加熱後，將蒜末、洋蔥炒至微軟並散發出香味，再加入①的鮭魚、鮮奶油拌煮至稍微收汁，再撒入少許的鹽與粗粒黑胡椒粉調味，即可盛起備用

4. 將法棍麵包剖成兩半，先撒上少許的起司絲，再將③的洋蔥鮭魚鋪上，並放入酪梨塊，再撒上起司絲，放入已經預熱的烤箱，以攝氏180度烤約10分鐘，至表面起司微焦，即完成

### 小米桶的貼心建議

- 若用燻熟的鮭魚，風味會更佳。也可以替換成鮮蝦，或是培根。
- 法棍麵包可以替換成厚片吐司。

# 牛肉口袋麵包

**份量** 2 人 | **10** | **烹煮** 3 min

### 材料

pita（口袋麵包）‥‥‥‥‥‥2個
番茄（切片）‥‥‥‥‥‥‥1/2個
小黃瓜（切片）‥‥‥‥‥‥‥8片
洋蔥（切絲）‥‥‥‥‥‥‥1/6個
生菜‥‥‥‥‥‥‥‥‥‥‥‥4片
美奶滋‥‥‥‥‥‥‥‥‥‥‥適量

### 炒牛肉材料

牛肉薄片‥‥‥‥‥‥‥‥150公克
炒香的白芝麻‥‥‥‥‥‥‥‥適量

在法國時除了法棍麵包，我們經常吃的還有pita（口袋麵包）。對半切開就像個口袋，可以裝入喜愛的蔬菜、肉類或沙拉餡料，香香QQ的，簡單快速的就能解決一餐，而且美味又兼具營養。

### 牛肉調味料

醬油‥‥‥‥‥‥‥‥‥‥‥1大匙
糖‥‥‥‥‥‥‥‥‥‥‥‥1小匙
蒜末‥‥‥‥‥‥‥‥‥‥‥1小匙
蔥白末‥‥‥‥‥‥‥‥‥‥1小匙
梨子泥（或梨汁）‥‥‥‥‥1大匙
香油‥‥‥‥‥‥‥‥‥‥1/2小匙

### 做法

① 將牛肉薄片切成約5公分段長，再加入調味料醃約20分鐘；將洋蔥絲、生菜，泡入冰開水中冰鎮以保持脆度，備用

② 熱油鍋，放入①的牛肉片翻炒至肉熟，起鍋前撒些白芝麻，盛起備用

③ 將口袋麵包放進烤箱略烤至熱後切開，並在口袋中依序放入生菜、洋蔥絲、小黃瓜、蕃茄片，擠入少許的美奶滋，再放入②的炒牛肉，即完成

#### ── 小米桶的貼心建議 ──

● 牛肉片可以直接使用市售的燒肉醬，或烤肉醬來調味。

● 炒牛肉也可以替換成其他的內餡，比如：燻雞肉、熟蝦仁、馬鈴薯沙拉等等。

● 口袋麵包除了用烤箱加熱，也能用微波加熱20秒，或放進平底鍋中以小火烘熱。

● 也可以將厚片吐司中間切成口袋狀，成為口袋吐司。

# 雞肉捲餅佐番茄莎莎醬

份量 2人　準備 30min　烹煮 15min

用烤的方式來替代油炸雞肉，少了油脂，美味依舊不減。再與清爽的番茄莎莎醬搭配製作成捲餅，每一口都是香酥與酸辣的美妙口感喔。

## 材料

| | |
|---|---|
| 墨西哥餅皮 | 2片 |
| 生菜 | 4片 |
| 美奶滋 | 適量 |

### 酥烤雞肉材料

| | |
|---|---|
| 雞胸肉 | 150公克 |
| 無糖優格 | 1/2杯 |
| 蒜末 | 1/2小匙 |
| 匈牙利紅椒粉 | 1/4小匙 |
| 黑胡椒粉 | 1/4小匙 |
| 鹽 | 1/4小匙 |
| 麵包粉 | 1/2杯 |
| 橄欖油 | 1大匙 |

### 番茄莎莎醬材料

| | |
|---|---|
| 番茄 | 中型的1個 |
| 洋蔥碎 | 2大匙 |
| 香菜碎 | 1小匙 |
| 綠辣椒（切碎） | 1根 |
| 檸檬汁 | 2大匙 |
| 橄欖油 | 2大匙 |
| 糖 | 1小匙 |

## 做法

1. 預先將雞胸肉洗淨，用廚房紙巾擦乾水份後，去筋並順著肉的紋路切成約1.5公分寬的條狀，再加入優格拌勻，醃約1小時，備用

2. 製作番茄莎莎醬。將番茄去籽後，切成小丁，再與其餘莎莎醬材料混合均勻，擺放約10分鐘，即為番茄莎莎醬，備用

3. 將蒜末、匈牙利紅椒粉、黑胡椒粉、鹽、麵包粉、橄欖油，放入保鮮袋中搖晃，使其均勻混合，再將醃好的雞肉抹去多餘的優格，並均勻沾裹上保鮮袋中的混合粉

4. 烤盤墊上烘烤紙，並抹上薄薄一層的油，擺上③的雞肉，再放入已經預熱的烤箱，以攝氏200度烤約10～15分鐘後，取出備用

5. 將墨西哥餅皮放在平底鍋上烘熱，然後在餅皮上抹適量的美奶滋，再依續放上生菜、④的雞胸肉，並淋上番茄莎莎醬之後，將餅捲起，即完成。續將另一份捲餅以相同的方式製作完畢

### ─ 小米桶的貼心建議 ─

- 也可以將雞肉條與1大匙的炸雞粉、1/4小匙匈牙利紅椒粉、1又1/2大匙雞蛋液，拌勻醃約15分鐘後，放入熱油鍋中炸熟。

- 番茄莎莎醬會讓烤酥的雞肉變濕潤，所以捲餅要現作現吃，才能享受到香酥與酸辣的多層次口感。

# Kitchen Blog

小小米桶的超省時廚房：

88道省錢又簡單的美味料理，新手也能輕鬆上桌！

作者　吳美玲

出版者 / 出版菊文化事業有限公司　P.C. Publishing Co.

發行人　趙天德

總編輯　車東蔚

文案編輯　編輯部　美術編輯　R.C. Work Shop

攝影　吳美玲

台北市雨聲街77號1樓

TEL：(02)2838-7996　　FAX：(02)2836-0028

法律顧問　劉陽明律師 名陽法律事務所

初版日期　2011年5月　二刷　2011年12月

定價　新台幣300元　　特價　新台幣280元

ISBN-13：978-986-6210-06-8　書　號　K07

讀者專線　(02)2836-0069

www.ecook.com.tw

E-mail　service@ecook.com.tw

劃撥帳號　19260956 大境文化事業有限公司

小小米桶的超省時廚房：

88道省錢又簡單的美味料理，新手也能輕鬆上桌！

吳美玲 著 初版. 臺北市：出版菊文化，2011[民100]

128面；19×26公分. ----(Kitchen Blog系列；07)

ISBN-13：9789866210068

1.食譜　2.烹飪

427.1　　　　　　100001404

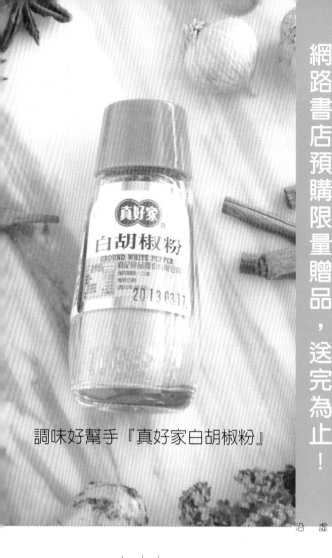

## 小小米桶的超省時廚房

請您填妥以下回函，免貼郵票投郵寄回，除了讓我們更了解您的需求外，更可優得大境文化&出版菊文化一年一度會員獨享購書優惠！

1. 姓名：____
   性別：□男 □女　年齡：□□□　教育程度：____　職業：____
   連絡地址：□□□　____縣市____
   傳真：____　電子信箱：____

2. 您從何處購買此書？
   □書展 □郵購 □網路 □其他 ____ 書店/量販店

3. 您從何處得知本書的出版？
   □書店 □報紙 □雜誌 □書訊 □廣播 □電視 □網路
   □親朋好友 □其他

4. 您購買本書的原因？（可複選）
   □對主題有興趣 □生活上的需要 □工作上的需要 □出版社 □作者
   □價格合理（如果不合理，您覺得合理價錢應$____）
   □除了食譜以外，還有許多豐富有用的資訊
   □版面編排 □拍照風格 □其他

5. 您經常購買哪類主題的食譜書？（可複選）
   □中菜 □中式點心 □西點 □歐美料理（請舉例____）
   □日本料理 □亞洲料理（請舉例____）
   □飲料冰品 □醫療飲食（請舉例____）
   □飲食文化 □烹飪問答集 □其他

6. 什麼是您決定是否購買食譜書的主要原因？（可複選）
   □主題 □價格 □作者 □設計編排 □其他

7. 您最喜歡的食譜作者/老師？為什麼？

8. 您愛買的食譜書有哪些？

9. 您希望我們未來出版何種主題的食譜書？

10. 您認為本書尚須改進之處？以及您對我們的建議？